本课题受国家社科基金重点项目（批准号：14AGL011）的资助

企业环境资源价值报告研究

周守华 等 编著

中国财经出版传媒集团
中国财政经济出版社

图书在版编目（CIP）数据

企业环境资源与价值报告研究／周守华等编著．--
北京：中国财政经济出版社，2022.3
ISBN 978－7－5223－1117－3

Ⅰ.①企…　Ⅱ.①周…　Ⅲ.①企业环境管理－研究报告－中国　Ⅳ.①X322.2

中国版本图书馆CIP数据核字（2022）第022701号

责任编辑：温彦君　　　　责任校对：张　凡
封面设计：陈宇琰　　　　责任印制：党　辉

企业环境资源与价值报告研究
QIYE HUANJING ZIYUAN YU JIAZHI BAOGAO YANJIU

中国财政经济出版社 出版

URL：http：//www.cfeph.cn
E－mail：cfeph@cfeph.cn

社址：北京市海淀区阜成路甲28号　邮政编码：100142
营销中心电话：010－88191522
天猫网店：中国财政经济出版社旗舰店
网址：https：//zgczjjcbs.tmall.com
北京时捷印刷有限公司印刷　各地新华书店经销
成品尺寸：170mm×240mm　16开　11.5印张　150 000字
2022年3月第1版　2022年3月北京第1次印刷
定价：52.00元
ISBN 978－7－5223－1117－3
（图书出现印装问题，本社负责调换，电话：010－88190548）
本社质量投诉电话：010－88190744
打击盗版举报热线：010－88191661　QQ：2242791300

前言

Preface

环境问题已成为世界关注的焦点，坚持可持续发展、建设生态文明已成全社会的共识。党的十九大报告指出“建设生态文明是中华民族永续发展的千年大计”，并对“加快生态文明体制改革，建设美丽中国”进行了专章论述。中国共产党第十九次全国代表大会将“绿水青山就是金山银山”写入党章。党的十九届三中全会提出改革自然资源和生态环境管理体制，充分体现了生态文明建设的战略地位和重大意义。

环境是一种特殊的资源，恰当地计量企业环境资源的价值与耗费，能为相关主体提供必需的信息，进而起到保护和治理环境的作用。环境资源不仅强调自然资源的经济价值，同时突出其生态价值。就会计而言，改革自然资源和生态环境管理体制需要理论创新和制度创新，需要我们重新思考新形势下会计的财富计量功能，推动企业环境资源核算和价值报告研究不断发展。然而，传统的报告体系仅仅关注企业的和社会的经济资源，既没有反映自然资源对经济发展所做出的贡献，也没有反映人类经济活动所造成的环境资源耗费以及环境破坏所造成的经济损失。

因此，企业编制和披露融入企业环境资源信息的价值报告，是企业可持续发展、经济社会文明进步的迫切需要。对企业环境资源与价值报告问题的研究能够丰富企业财务报告和价值报告的理论研究，并响应党中央对生态文明体制改革的要求，推进我国经济社会的可持续发展。

习近平总书记2013年10月在印度尼西亚国会发表《携手建设中

国-东盟命运共同体》的演讲和2018年4月博鳌亚洲论坛期间，先后两次提及“计利当计天下利”的观点。“计天下利”思想，对我们重新思考新形势下会计的财富计量功能、推动会计实务和会计理论研究不断发展，具有深层次的启迪。

秉持“计天下利”的义利观，会计应当站在社会公平、正义和人类社会可持续发展的宽广视野，跳出单纯计量狭隘的物质资本收益的范畴。应当全面计量包括生态环境资源投入在内的企业资源投入与消耗，确定完整的企业利益相关者财富的增值，从而引导资源实现真正的有效配置和利益分配的公平、正义。

因此，研究如何编制既满足生态文明建设需要又体现企业价值的报告体系，是当前面临的重要问题，具体为：一是理论基础问题，即企业环境资源对企业可持续性价值创造有何影响？二是理论深化问题，即微观层面的企业可持续性价值创造对宏观层面的经济发展有何影响？三是理论与实践的有机融合问题，即嵌入环境资源信息的企业价值报告体系如何构建？

本书紧密围绕这三个问题，深入研究了企业环境资源与价值报告的相关问题。首先从企业环境资源与价值报告的理论基础出发，深入剖析了企业环境污染的负外部性及治理，并结合可持续发展理论、制度经济学理论、利益相关者理论、股东财富最大化理论和委托代理理论与公司治理等与企业环境资源相关的理论，对企业环境资源和价值报告相关内容进行分析，并回顾了企业社会责任和企业环境资源的相关文献，重点关注两者的影响因素和经济后果的研究；其次从主要经济体企业环境监管和评价体系的实践出发，构建了企业环境资源价值指数，研究政府监管对企业环境资源价值的影响；在此基础上，从股东财富最大化视角和利益相关者视角研究企业环境资源价值的经济后果，并基于上述理论和实证检验，结合实践背景，提出了嵌入环境资源信息的企业价值报告指引；最后提出了相关政策建议。

本书的主要贡献在于：

第一，在主要经济体企业环境监管和评价体系实践方面，本书归纳分析了包括美国、日本、加拿大、澳大利亚、德国、英国和我国的企业环境监管和评价体系的实践。根据对各国企业环境监管的实践研究归纳得出，评价指标应当从两个方面进行设定，一是反映环境管理的控制指标，二是反映环境治理成果的绩效指标，为本书的研究提供了基础资料和参考。

第二，在企业环境资源价值指数的构建方面，本书基于理论基础的分析和主要经济体企业环境监管和评价体系的实践，构建了企业环境资源价值指数，根据对环境会计管理指标和环境会计绩效指标的研究，利用层次分析法构建了企业环境资源价值的综合指数，其中，不同因素相对重要性的判断依据各国企业环境监管和评价体系实践确定。

第三，在政府监管对企业环境资源价值的影响方面，本书基于微观企业的污染物排放浓度控制情况及其所在区域的经济发展程度，检验了政府监管的调控效果。结果发现：《环境保护法》能促进企业改善环境绩效，而且在区域经济发展水平更高时，这种正向调控效应更强。通过研究发现，经济发达区域更能够主动执行环保政策，表明当经济发展与环保存在矛盾时，经济发达的区域倾向于选择环保，说明绿色 GDP 考核制度已经起到了一定作用。该结论具有重要的政策意义，政府需进一步加强政策导向，将发展理念与绿色 GDP 考核制度相结合。科学的评价和考核体系会让绿色发展有据可依，激励企业、政府及社会各界积极主动地探索出合适的发展模式。

第四，在企业环境资源价值的经济后果及其影响路径方面，本书研究发现：从 2013 年起，各个维度的企业环境资源价值指数呈现上升的趋势；《环境保护法》可以提高企业环境资源价值指数，而且这种效应在经济发达的区域更强。这表明政府监管有助于企业环境资源价值指数的提高，导致其呈现上升的趋势。进一步的检验发现：企业环境资源价值不会对企业经营绩效产生负面影响，而且有助于企业营业收入增长率的提高；企业环境资源价值可以促进企业经营效率的提升、降低企业债务融资成本，并有助于提高企业创新投入、创新产出和创新效率。这些研究结果表明，人与自然和谐发展的企业环境资源价值指数有助于提升企业经济绩效，企业环境绩效和经济绩效是相互促进的。

第五，在企业环境资源控制列示和报告方面，本书根据前述理论和实践的研究，提出了嵌入企业环境资源的价值报告指引。本书研究表明，企业环境资源管理的控制指标包括企业环境保护意识和理念，与环保相关的制度或者组织结构，宣传和培训，与环保相关的投资实践、环保设备运行情况以及采取的改进措施四个方面，并详细提出了企业环境资源控制的各部分指标。本书还提出了企业环境资源绩效指标，包括基于全产业链的环境绩效指标和社会影响。

第六，基于上述研究，本书首先提出了关于修改会计准则和建立环境资产负债数据库的建议，包括拓展会计计量财富的内容和方法、尽快建立环境资产负债数据库、推动修改《国际财务报告概念框架》、尽早发布我国环境会计准则和规范等建议；其次，提出了以环保资金预算促进企业环境绩效与经济绩效良性互动的政策建议，包括环保治理预算协助完善地方官员政绩评价方式、优化环保资金预算政策、协助制定企业环境信息“报告指引”、支持绿色融资、绿色补助和绿色税收优惠、协助完善“市场化交易机制”、支持会计师事务所对重污染企业环境信息进行审计、支持媒体环保报道、提高环境资源审判庭的执法效果等建议；最后，提出了雄安新区白洋淀水资源环境治理的政策建议，包括白洋淀工业企业水资源环境治理的政策建议和白洋淀政府部门水资源环境治理的政策建议等。

目录

Contents

第1章　引　言

1.1　研究背景和研究意义

“绿水青山就是金山银山”于党的第十九次全国代表大会写入党章，全国人大第十三届一次会议也将“生态文明”写入宪法。党的十九大报告中明确指出“建设生态文明是中华民族永续发展的千年大计”，同时对“加快生态文明体制改革，建设美丽中国”进行了详细的专章论述（周守华等，2018），充分体现了生态文明建设的战略地位和重大意义。同时，我国环境问题也已成为世界关注的焦点，坚持可持续发展、走低碳经济之路已成全社会的共识。

在党和国家进行生态文明建设、国际社会坚持可持续发展的大背景下，企业环境资源价值报告是政府实施总体环境规划和监管的基本前提，是企业开展环境资源管理的根本要求，也是有关社会组织进行有效监督的迫切需要。特别是在我国现代化进程中，环境物品的稀缺性逐步显现，如何保证企业在市场机制运转中进行可持续的生产，保证各类资源在生产中的有效供给，需要政府、企业共同为环境资源有关信息的充分交流与沟通做出应有的努力。

生态文明体制改革及生态文明建设的有效开展需要我国政府从社会发展中的物质、精神以及生态层面予以统筹规划和共同推进。在生态文明建设中，人与自然的和谐共生、经济发展和生态环境保护的相互促进是各项活动的基本宗旨，这要求政府必须加大监管力度，以实现经济增长模式的转变、产业布局的优化、经济活动绿色属性的显现。作为经济体系中的细胞，企业对于经济增长模式的转变发挥着基础性作用，在各类矛盾关系的处理中也尤为关键。企业需要就组织和经营战略予以调整，就基本的生产运营模式和管理控制方式予以转变，实现经营的绿化。与此同时，受惠于生态文明成果的广大公众及有关社会组织对于生态文明水平的关切尤为直接，同时也会对企业和政府的努力、成效及改进做出反馈和监督。在以上三方力量的共同努力中，无论是政府的宏观环境治理还是企业的微观环境管理，抑或第三方组织的环境监督，均需要一个不同以往的信息系统给予支撑，使得经济与生态环境的有关整合工作计划到位、控制有效和运转顺畅。

环境资源价值报告问题的提出正是为了应对以上环境治理的信息需求。会计作为一个信息系统，它的计量、反映和监督功能可以在上述有关信息的提供中得以有效发挥，可以更好地协调各利益主体的关系，并引导资源合理有效地配置。在过去很长一段时期里，企业会计核算内容和报告体系以计量和反映经济利益为主导，同时，作为创造社会财富的微观主体，经济利益最大化成为了企业单一追求的目标。虽然经济利益的增长带来了当地持续增加的GDP，但却以牺牲生态环境为代价，对生态环境造成了严重破坏。在生态文明建设背景下，企业必须探寻可以将经济利益和环境资源价值协调统一的新型发展模式，这就需要通过会计观念及理论的变革与创新来保驾护航（周守华等，2018）。其中，与环境资源价值相关的综合报告将变得尤为关键。当然，对于宏观环境治理与第三方环境监督，这种变革与信息供给同样显得必要而紧迫。

由于人们对自然环境关注程度的增加，企业环境责任受到会计、财务学者的广泛关注。Dhaliwal 等（2012）研究发现，企业社会责任的披露有助于降低分析师的预测偏差，这种效应在其他利益相关者权力更大的国家或者财务信息披露水平落后的国家更为明显，且最终有助于提升企业的财务绩效。据此，他们认为，企业社会责任的披露有助于提升企业声誉，进而可以促进企业销售，并且获得监管者的优待。Clarkson 等（2004；2013）研究表明，企业环境会计信息披露有助于增加企业未来现金流量，进而可以提高公司价值。Moser 和 Martin（2012）、Huang 和 Watson（2015）的文献综述表明，目前国外会计学者对企业社会责任（环境资源）的研究存在以下不足：首先，绝大多数学者均将研究建立在股东财富最大化的视角上，而没有关注利益相关者的视角；其次，在环境价值信息披露经济后果方面，目前的研究主要是围绕自愿环境信息披露的经济后果（Kumar and Shetty，2018），而自愿环境会计披露是受企业和高管等很多因素影响的，从而会导致相关研究结果的偏差；再次，相关环境资源评价指标比较粗糙；最后，已有研究对企业环境绩效如何作用于企业经济绩效的分析还不够。另外，在以排污权和碳排放权为代表的环境会计确认和计量方面，国际会计准则、美国会计准则和日本会计准则存在较大的分歧和不一致（周志方和肖序，2010；高建来和文晔，2015）。

近年来，环境资源引起了国内学者的广泛关注，其主要集中体现在以下几个方面：首先，企业环境资源价值信息决定因素的相关研究主要集中在公司特征因素和公司治理因素。例如，李正（2006）研究发现，直接控股股东股份性质与环境信息披露没有显著的相关性；股权集中与否对公司环境信息的披露也没有显著影响。陈丽蓉等（2015）研究发现，在国企中，高管的非正常变更降低了企业社会责任的承担水平；在非国企中，高管变更对当期企业社会责任承担水平产生负面影响。王士红（2016）研究发现：女性高管比例越高，企业社会责任披露质量越高，高管任职年限越长，企业社会责任披露质量越低。其次，企业环境资源价值信息经济后果的相关研究。例如，肖华和张国清（2008）以“松花江事件”为例，选取了肇事者“吉林化工”及其所属的化工行业共79家A股上市公司，探讨了重大环境事故发生后对公司股价产生的影响。研究结果显示，在重大环境事故发生以后，吉林化工及样本公司出现负的股票超额累计收益率。刘运国和刘梦宁（2015）以2011年年底“PM2.5爆表”这一外生事件进行研究发现，面对环境政治成本，重污染企业会进行向下的盈余管理，而且这种效应在小规模企业或者非国有企业中更为明显。曹越等（2017）研究表明，随着环境规制强度的增加，公司整体税负、所得税税负与增值税税负均显著下降，且这一现象在非国有企业、大规模企业、重污染行业与税收征管强度高的企业中表现得更加显著。与此同时，在中国当前条件下，如何对排污权、碳排放权等环境资源进行会计确认和计量，不同学者有不同的观点（周志方和肖序，2010；张薇等，2014；王慧，2017；周守华等，2018）。

上述分析表明，目前国内外尤其是中国市场的研究存在以下几个方面的不足：首先，在研究企业环境资源价值信息的决定因素时，没有区分股东财富最大化动机和利益相关者动机；其次，没有构建合适的环境资源评价指标；最后，已有研究针对企业环境绩效对企业经济绩效的影响分析还不够。由于企业环境资源十分重要，而且相关研究比较欠缺，本书拟从环境资源与可持续性价值创造、企业环境资源的政策驱动因素、企业环境资源价值指数及其经济后果方面对相关研究进行拓展。

1.2 研究思路和研究方法

研究思路：本书首先对企业环境资源的相关理论进行提炼和分析，对企业社会责任和企业环境资源的相关文献进行回顾、分析和评述，在此基础上，论证说明本书研究的问题；其次，对美国、日本、加拿大、澳大利亚等国和中国的企业环境监管和评价体系实践进行总结、分析和提炼，说明企业环境资源的重要性和监管的必要性；根据企业环境资源的理论基础和主要经济体的企业环境监管和评价体系，主要从企业环境资源管理的控制和环境资源治理成果两个维度构建企业环境资源价值指数，并描述企业环境资源价值指数以及各维度指标的省份差异和年度变化趋势；基于股东财富最大化理论和利益相关者理论，分析论证《环境保护法》对企业环境绩效的影响，以及在不同经济发展区域是否存在差异；在此基础上，分析论证企业环境资源价值对企业经济绩效的影响以及具体的影响路径。特别地，我们关注企业环境资源的创新驱动效应和声誉效应，并提供了企业环境资源价值报告指引；最后是相关的制度如何建立和完善，分别提出了促进企业环境绩效与经济绩效良性互动的政策建议和雄安新区白洋淀水资源环境治理的政策建议。

研究方法：主要包括文献研究法、比较分析法、规范研究法、实地调查法和实证研究法。

文献研究法。通过对国内外的相关文献进行学习和分析，从而全面地了解和掌握相关理论基础和研究进展，归纳出国内外相关研究问题的先进经验及不足之处，并将文献按照本书的逻辑统一起来，力图在吸收学者们优秀成果的基础上，能够形成自己的见解，以对已有相关文献进行发展和创新。

比较研究法。本书通过吸收借鉴国外企业环境监管和评价体系实践的经验、理念及方法，并结合当前中国企业环境监管和评价体系实践，从企业环境资源管理的控制和环境资源治理成果两个维度构建企业环境资源价值指数。

规范研究法。本书分析了政府监管对企业环境资源价值的影响以及在不同的区域是否存在差异；研究了企业环境资源价值对企业经济绩效的影响以及其具体的影响路径；提供了企业环境资源价值报告指引；在相关的制度如何建立和完善方面，分别提出了促进企业环境绩效与经济绩效良性互动的政策建议和雄安新区白洋淀水资源环境治理的政策建议。

实地调查法。通过对雄安新区企业和首钢集团等排污企业进行实地调研，了解到我国企业环境资源治理的背景和动力，面临环境规制时的压力，以及对环境资源管理规范性的迫切需要。本书力图在对企业管理实践的调查和分析中掌握当前我国企业环境资源管理的情况与动向，为本书的环境资源管理体系构建奠定了实践基础。

实证研究法。根据我国各省环保部门公布的当地企业重点污染源监督性监测信息，以及企业环境信息方面的公开数据，我们手工整理和构建了企业环境资源管理控制指标、企业环境资源绩效指标和企业环境资源价值指标，在此基础上，实证检验了《环境保护法》对企业环境绩效的影响，以及在不同经济发展区域是否存在差异；检验了企业环境资源价值对企业经济绩效的影响以及具体的影响路径。

1.3 本书的创新之处

首先，构建企业环境资源价值指数，对已有相关文献进行发展和创新。已有相关研究在构建环境资源价值指数时，主要采用企业缴纳的排污费用数额（张艳磊等，2015）、企业环保资本支出（黎文靖和路晓燕，2015；胡珺等，2017）等指标，以及通过主观方法来构建综合指标体系（唐国平等，2013；沈洪涛等，2014），实现对企业环境表现或环境绩效进行度量。基于企业环境资源相关理论，以及主要经济体企业环境监管和评价体系实践，结合层次分析法，本书从企业环境资源管理的控制和效果方面构建企业环境资源价值指数（潘红波和饶晓琼，2018；周守华等，2018）。企业环境资源管理控制指标包括企业环境保护意识和理念，与环保相关的制度或者组织结构，宣传和培训，与环保相关的投资实践、环保设备运行情况以及采取的改进措施四个方面。企业环境资源绩效指标包括企业环境资源的价值体现和价值趋势。在企业环境资源的价值体现方面，本书创新性地采用企业环境资源评价因子的安全边界度量，即安全边界 =（标准限值 - 实测浓度）/标准限值 ×100%，其中，标准限值和实测浓度均来自各省份环保部门官方公布的数据。相对于已有文献测度的企业环境表现或环境绩效指标，本书的指标更具有客观性和科学性。

其次，本书基于股东财富最大化理论、利益相关者理论等理论，研究企业环境资源价值的影响因素，特别关注政策监管等制度因素的作用，丰富了企业环境资源的相关研究。已有研究对于环境管制的实施效果存在较大的争议，没有得出一致的研究结论：余长林和高宏建（2015）的研究结果显示，环境管制会导致隐性经济，进而使得环境管制强度不利于提高企业的环境质量；包群等（2013）以各地方政府的环保立法作为政策冲击，结果表明，环境管制并不能有效改善环境质量；李斌等（2013）的研究结果表明，环境管制与工业企业绿色全要素生产率之间存在非线性关系。以《环境保护法》为例，本书为环境监管政策的实施效果提供了经验证据，丰富了环境规制效果的相关研究。研究发现，《环境保护法》能促进企业改善环境绩效，而且在区域经济发展水平更高时，这种正向调控效应更强。

最后，深化企业环境绩效如何作用于企业经济绩效的路径的相关研究。已有文献主要基于成本效应和资源获取效应视角，研究企业环境绩效如何作用于企业经济绩效（Marshall et al.，2009；Dhaliwal et al.，2011；沈洪涛等，2010；吴红军，2014）。在已有文献的基础上，本书从企业环境资源的创新驱动效应和声誉效应视角进行了拓展。研究表明：

环境资源绩效好的企业更容易获得政府补助，进而提高企业创新失败的安全边界，最终有助于企业的创新投入和创新产出；环境资源绩效好的企业可以树立良好的企业声誉，可以吸引更多高素质的员工，同时与员工的关系质量更高，进而有助于提高企业的经营效率。

第2章 理论基础

2.1 企业环境污染的负外部性及治理

2.1.1 企业环境污染的负外部性

外部性的概念最早是由 Marshall（1890）提出的，指一个经济主体在自己的行动中对旁观者的福利产生了一种有利或者不利影响，而使该经济主体没有全部获得其收益或完全承担其成本，是一种“非市场性”的附带影响。刘传江等（2006）的研究发现，“当某一个体的消费或者生产决策无意地影响了其他方的生产可能性或者效用，并且未得到补偿，便会产生外部性”。产权理论就是产生于对经济活动的外部性问题分析过程中。张成福等（2007）认为，负外部性是指“某一企业的经济活动所造成的经济损失而该企业并不会承担这一外部成本的情况”。企业在生产过程中产生的废气、废水等是公共产品，其产生的危害主要由企业以外的个人或者其他企业被动承担，企业环境污染产生的社会成本远远大于私人成本。因此，排污存在负外部性问题。

2.1.2 企业环境污染的治理

关于污染的负外部性，学者们从理论上提出了不同的解决方式。考虑到环境污染带来的负外部性会导致私人成本与环境治理社会成本的差异，造成社会不公，引出需要政府的介入来解决这一外部性问题。具体来说，可以分为政府命令控制、经济刺激和社会准则规制三种方式。

（1）政府命令控制。

政府命令控制是指行政当局利用法律和行政的手段，直接对环境污染外部性进行干预，分为命令和控制两种方式（赵晓兵，1999）：命令是指直接规定生产者或消费者产生环境污染负外部效应的允许数量（仇永胜等，2005）；控制则是对已有标准的监督和强制执行。我国目前使用的“排污收费制度”“限期治理制度”“限塑令制度”以及 2018 年 1 月 1 日起开始实施的《环境保护法》都是政府命令控制的具体体现。Crafts（2006）研究表明，环保法规是解决经济主体行为过程中产生的环境污染负外部性等市场不完全问题的一种可行的方式。张学刚等（2011）与张宇等（2014）的研究均表明，加强政府环境监管对环境质量的改善具有积极影响。在中国当前的制度背景和法律环境下，强有力的立法权威和法律保障是解决企业环境污染的有效手段。

政府命令控制作为一种直接干预方式具有强制性，管理效果立竿见影，但这一特点也带来了一定的局限性：一方面，市场和厂商在严格的行政管制中没有变通余地，缺乏灵活性；另一方面，法律和行政管制往往缺乏效率，成本较高，政府当局为了制定各种类型污染源的排放标准，往往需要花费大量的人力、物力、财力和时间成本去了解各类行业与产品信息，同时也难以及时对新技术和新环境做出反应（Tietenberg，1990）。

（2）经济刺激。

经济刺激指的是利用价格机制，采取鼓励性或限制性措施，促使污染者减少、消除污染，从而使环境污染外部性内部化（赵晓兵，1999）。具体来讲，分为两种类型：一种是通过税收和收费的方式将环境污染的外部成本直接转化到负外部效应生产者的内部成本中去，Pigou（1920）

最早提出通过征税的方法解决污染外部性问题，他从污染的社会和私人的边际成本角度出发，揭示了由于企业利益和社会利益的差异，企业污染排放存在的负外部性问题无法靠单纯的市场手段来解决，而应该通过政府限额、征税或者补贴等手段来解决。在当前的企业污染排放相关政策中，限额政策和税收政策使用非常广泛，一些学者（Lohmann，2009；Davis and Muehlegger，2010）的研究也支持了开征环境税来解决污染负外部性的可行性。

另一种则是污染排放权市场，即强调利用市场机制来实现环境污染负外部性的内部化，这种方法下，政府只需要设计适当的产权制度而非干预市场：Coase（1960）认为外部性导致市场失灵的根本原因在于，没有一个交换外部性权利的市场，即只要排污的产权清晰，那么外部性可以通过产权在市场上的自由交易内在化。Montgomery（1972）在科斯定理的基础上提出了污染排放许可证交易的方法，指出允许市场对污染排放权进行自由交易既能满足企业的排污需求又能最大限度地解决污染问题，同时不阻碍经济增长，为解决污染外部性提供了一种有效的市场化方式。周守华和陶春华（2012）在关于环境会计的文献综述中总结出污染排放权初始分配的合理性、交易制度以及定价制度的合理性是影响污染排放权市场表现的重要因素。

污染排放权市场理论的一个重要现实运用是碳排放权市场。随着低碳经济的发展和碳排放权市场的建立和完善，有关碳排放权的交易日益活跃。碳交易主要由排放权总量确定、初始分配、碳交易以及市场监管四个过程组成。政府和相关环境部门根据科学标准制定总量，然后分配给重点控制企业，进行自由交易。交易价格由市场供求关系决定，当交易价格高于治理成本时，企业会选择污染治理，否则企业会选择购买排放权。而政府只需要对排放权市场进行监管，维护市场秩序，这种交易能够避免环境治理过程中产生的“搭便车”问题。一方面，企业分配到的碳排放权是对其利用环境资源权利的保护，但是一旦超出这一限度就要承担赔偿责任；另一方面，由于产权十分明确，企业可以根据自身碳治理成本与生产收益进行比较，最终选择碳排放权的买入和卖出（陶春华，2016）。

经济刺激可以有效解决行政命令控制成本高、灵活性低的缺点：一方面，利用税收、收费和污染排放权市场，可以实现企业污染行为的自动调节，从而节省大量获取产品、行业环境污染具体信息的成本；另一方面，比起调整法律、规章，调整税收和收费制度更加容易快捷，也更能适应技术与环境的变化。

（3）社会准则规制。

社会准则规制是指通过对人们进行教育，从而使其遵循某种社会认同的共同准则，进而解决环境外部性的方式（秦荣，2012）。政府可以倡导保护环境的社会准则，一方面，促进污染企业基于“良心效应”（Conscience Effect）（黄有光，2005）自觉遵循绿色、环保、低碳的生产和消费方式；另一方面，增强社会大众的环保意识，通过媒体和舆论监督的方式向污染企业施压（Aerts and Cormier，2009；于忠泊等，2012；李百兴等，2018），倒逼其改进污染行为以符合社会准则的要求。

但社会准则规制本身并没有强制性和激励效用，因此，常常只能作为政府命令控制和经济刺激的辅助方式来治理企业环境污染。

2.2 企业环境资源的相关理论

2.2.1 可持续发展理论

可持续发展（Sustainable Development）即“既满足当代人的需求，

又不损害子孙后代满足他们需求的能力的发展”（WCED，1987）。可持续发展理论包含了三个层面：一是环境层面，即人类与自然环境和谐相处、减少对自然环境的破坏；二是经济层面，即要继续发展经济，保持经济的可持续性；三是社会层面，即追求人类社会的发展和进步。这三个层面相辅相成、和谐统一、缺一不可。

在企业可持续发展的文献中，有关环境与社会绩效和财务绩效的理论研究和经验研究大多采用遵循多赢的研究范式（Burke and Logsdon，1996；Husted and Salazar，2006；吴春雷，2016）。根据多赢范式，只有当企业在环境的完整性、社会公平性和经济繁荣三大原则的焦点上，才能视为对可持续发展做出了贡献（Bansal，2005），管理者应该设法找到实现这三个目标的可行性方案。因此，企业可持续发展问题被归结为“从经济、环境和社会三个维度迎接机遇和管理风险、为股东创造长期价值的方法”（Lo and Sheu，2007）。由此可见，环境可持续性和社会可持续性仅仅被作为有利于提高企业的经济绩效的手段，企业之所以关心可持续发展的环境和社会问题，完全是出于对企业自身纯粹的经济利益的考虑（吴春雷，2016）。

同时，越来越多的学者意识到可持续性问题的重要性，许多公司也要求把环境方面的因素整合到公司决策机制的制定中来。Burritt 和 Schaltegger（2010）明确提出了“可持续会计”是为生态系统和社会服务的会计，其作为一种信息管理工具和方法能够促进企业社会责任的发展。而企业可持续性价值（Sustainable Value）将机会成本思想应用到企业经济资本和环境资源的协同使用中，拓展了企业价值方面的研究（周守华和陶春华，2012；陶春华，2016）。有学者试图从环境资源的视角研究可持续性价值的创造及其对宏观经济增长的贡献，但目前尚未取得较大进展（Hahn and Figge，2011）。

综上所述，可持续发展理论体现了环境、经济、社会必须协调发展的思想，为人类社会可持续性发展提供了方向和引导，可持续性科学在这一理论的指引下为人们提供理论基础和技术手段，强调在追求经济效益的同时也应该注重生态环境的保护（陶春华，2016）。

2.2.2 制度经济学理论

新制度主义理论能进一步加深企业对社会和环境问题的理解，尤其是帮助企业能构成一个完善及时组织的会计响应（Ball and Craig，2010）。对制度的分析能让企业更好、更全面地改革环境会计理论。自 20 世纪 70 年代以来，新制度主义在研究角度、分析方法等方面的创新，给研究者探索企业环境管理行为带来了可能。随着对环境问题研究的不断拓展，一些学者开始从制度经济学的视角尝试对企业的环境管理问题进行理论上的研究创新和探索，为环境会计理论的研究提出了新的解释。该视角通过研究社会组织的建立、运行、变革和发展的规律，解释企业与社会之间的环境和经济关系，以及其运行规律和相互作用（陶春华，2016）。

Lounsbury（2008）、Dillard 等（2004）、Ball 和 Craig（2010）从制度理论的角度对社会和环境会计进行分析。Ball 和 Craig（2010）认为制度理论尤其是新制度主义，提供了“组织社会学上的主要研究范例”。他们拓展了组织的制度分析，并将 Lounsbury（2008）提出的四象限分析方法用于研究加拿大和英国这两个不同制度背景下的国家的环境会计问题，旨在为环境会计提出一个标准化的视角，去研究制度变迁理论和社会环境会计理论。

Macintosh（1997）和 Moore（2011）尝试采用结构性理论来研究会计和欧盟排放权交易系统（EU ETS）。结构性理论已被应用于管理会计系统，最早是由社会理论学家 Anthony Giddens 在 20 世纪七八十年代构建的，其目的在于建立一种既能解释社会制度又能包含其转变条件的概念体系。其基本假设是任何完整的社会理论，必须包括行为（有自我意识的人的主观行动）和结构（来自行为和相互作用个人和团体的社会结构的结构资产）两部分。结构性同时发生在三个方面：含义（Signification）、支配（Domination）和合法化（Legitimation）。含义结构是用作产生意思的语义规则；支配结构是用作产生权力的资源；合法化结构是产生道德的价值观和行为准则。社会系统的这三个方面紧密交织难以拆分，它们一起在组织与制度中影响社会活动和行为人之间的相互作用，它们限制和强制行为人获得为维护社会秩序所需的合作。Moore（2011）认为，结构理论能帮助研究者理解排放权交易系统的发展，通过检验由排放权交易系统（ETS）产生的含义、支配和合法化之间结构的相互关联，解释结构性理论在理解环境会计实践中的作用。

Ball（2007）将社会运动和组织理论应用到环境会计中，他阐述了环境会计如何被企业用以响应环境问题，并应用了 Zald 等（2005）的一个试验假设框架来研究社会环境会计的运转，通过对加拿大的案例研究分析，讨论了传统合法性理论或组织变革理论的不足，认为环境运动能显著地推进社会变革，提高我们对环境问题的关注，帮助我们评估环境运动与企业的相互作用。

我国环境政策的发展和变革同样可以用新制度主义理论来解释。我国当前正在进行碳排放权交易的试点工作，探讨碳排放权交易制度产生的根本原因有助于理解这一政策在实践中的应用（周守华和陶春华，2012）。环境资源是一种公共物品，在计划经济时代，由于还未开始大规模发展经济，对环境资源的使用尚处于初级阶段，还没有出现过度使用环境资源的情况，因此，使用环境资源还不会出现威胁人们生产和生活的情况。在这个阶段，人与自然的关系总体上是和谐的，即人类对自然资源的利用和对环境的影响仍处于生态经济系统所能承受的限度以内。此时，环境资源的利用处于开放状态，主要受到开发能力和取用成本制约，基本上不存在资源使用竞争和经济配给问题，是一种“开放可获取资源（Open – access Resource）”，可以认为不存在正式的制度安排。

从20世纪70年代末到90年代初，随着我国大力发展工业化和促进经济发展，环境问题开始显现，并且日益恶化，严重破坏了人类生活的环境和社会的正常生活和生产，造成了自然环境的污染和枯竭，已越来越成为阻碍经济发展的“瓶颈”。此时，政府开始着手实行适合我国的环境政策。这一阶段我国的主要环境政策是排污收费政策，是在1979年《环境保护法（试行）》中首次提出来的，1989年公布的《环境保护法》进一步确立了这一制度。应该肯定的是，排污收费政策的使用有效缓解了环境污染问题，它对于污染源的综合治理、环保资金的筹集和保护环境等都起到了巨大作用，体现了“污染者付费”的原则。总的来说，这一阶段的排污收费制度采用的主体是国家，国家从宏观利益出发，制定相关的环境政策，因此，这种政策演变是属于强制性制度变迁。

但排污收费政策这种“本末倒置”的治理方法在经济迅猛发展而环境质量状况日益恶化的今天，却暴露出诸如收费不全、标准低及方式不科学，以及征收范围和项目过窄、排污物的管理措施不健全、监测管理不科学等问题。为了改变目前的这种环境状况，国家环保部门相应出台了一些规定。2015年1月1日正式实施的新《环境保护法》第四章中规定了实行重点污染物排放总量控制制度和排污许可管理制度。这对我国的排放权交易既提供了法律保障，也提出了更高的要求。党的十八届四中全会作出了全面推进依法治国重大决策，以前所未有的高度和决心表达了我国对生态环境资源保护的重视。该方针的提出适应了当前资源环境与经济发展的需要，为我国的生态保护提供了法律保障和政策指引，并提出了如何承担社会责任、如何保护和治理环境、如何为生态文明建设提供基础性支持等重要时代课题，这也是碳资产管理探讨和探索的发展方向。

实际上，碳资产与其他环境资产不仅是作为生产条件，而且是作为重要的生产要素，通过市场化的经济流量与存量直接参与经济循环的全过程。所以在碳资产管理理论研究中要确认碳资产的内涵和分类，弥补传统资源概念的缺陷，将符合条件的环境资源纳入资产范畴加以确认；同时确定环境投入的内涵与资本化或费用化标准，进一步对碳资产进行价值化，为企业的价值创造和价值管理提供依据。在此基础上的企业碳资产管理体系构建，可以使企业碳资产管理更具有实操性，为中国企业碳资产管理探索有效的实现途径。因此，碳资产管理作为一种新的制度安排，用新制度经济学理论解释碳资产管理制度的引入，旨在说明制度对影响人的行为决定、资源配置与经济绩效的重要性以及制度变迁的根本动力（陶春华，2016）。

综上所述，制度经济学理论解释了碳交易制度和环境制度在影响企业的行为、环境资源配置与经济绩效方面的作用和动力，为研究碳资产管理制度的产生和发展提供了理论依据。

2.2.3 利益相关者理论

利益相关者理论产生于20世纪60年代，首次由斯坦福研究院学者提出，该理论对传统的“股东至上论”提出了挑战，强烈支持企业社会责任。首先要明确的是关于利益相关者的界定，Freeman（1984）的研究认为，能够影响组织目标实现的个体和群体即为企业的利益相关者。供应商、客户、员工和债权人同样是企业的出资方（Ansoff，1965），因此，企业管理者的任务是追求利益相关者的整体利益，而不仅是某些群体的利益。从理论基础看，利益相关者理论以“契约理论”和“产权理论”为基础：一方面，企业是由利益相关者组成的一系列契约（Freeman and Evan，1990），利益相关者拥有平等的谈判权和退出权；另一方面，利益相关者理论认为主流企业理论对产权的理解过于狭隘，只有基于“多元个体判断”而形成的产权概念才更加符合实际情况，该理论更强调个人与群体之间在私人财产分配和使用上的相互表达和相互理解（Donaldson and Dufee，1994）。利益相关者理论的基本观点认为，企业是一种受多种市场和社会影响的组织，而不仅仅是股东主导，企业对利益相关者要求作出的回应是企业未来发展的关键（Donaldson and Preston，1995；万建华，1998）。随着中国经济发展进入新常态，环境问题引起了社会各界的广泛关注，企业在制定与“资源环境”相关的发展战略时必须要考虑到各利益相关者的要求和期望，以实现良性发展。具体来讲，企业在资源环境的相关问题上涉及的利益相关者可以分为两类：环境产权所有者（各级政府部门代理行使所有权）和一般公众（产品消费者和污染受害者）（Chen et al.，2004）。这些利益相关者会通过多种渠道影响企业的行为，比如政府制定相关法律法规、非政府组织发布环保报告、顾客和供应商对企业施加压力，以及社会公众和媒体的监督等（Mobus and Janet，2005；Delgado－Ceballos et al.，2012；Yang et al.，2015；Cheng et al.，2017；Muttakin et al.，2018）。企业经营过程中会感受到来自这些利益相关者的合法压力（Shrivastava，1994），为了满足利益相关者的要求以赢得市场和良好的发展环境，企业会在经营和环境的战略上寻求协同（Aragon－Correa，1998；Buysse and Verbeke，2003）。利益相关者的观点体现了习近平主席的“计天下利”思想，即从谋划人类社会共同的长远利益的角度出发，提出互利共赢、协调发展、绿色可持续发展和共享发展成果的企业发展理念（周守华和刘国强，2016；周守华等，2018）。由于企业环境资源投资主要是由大股东和公司高管决定的，他们的环境意识越强，利他主义倾向越明显，企业进行的环境资源投资越充分（Moser and Martin，2012）。

在中国市场条件下，我们试图从以下几个方面进行社会利益或者环境意识的度量：(1) 公司是否为国有企业，与民营企业实际控制人相比较，政府除了追求经济目标外，还会追求环境保护等非经济目标。例如，中共中央组织部印发了《关于改进地方党政领导班子和领导干部政绩考核工作的通知》，明确提出地方干部考核不再以 GDP 论英雄，从而防止出现“政绩工程”和“形象工程”。(2) 公司大股东或者高管是否为环保协会成员。

2.2.4 股东财富最大化理论

基于亚当·斯密等古典经济学家的经济人假设，17 世纪“企业利润最大化”成为第一代财务管理目标。这一目标认为企业应该采取提高生产效率和成本控制的策略以获取市场竞争优势，利益的驱动会自发引导市场主体完善财务体系，改善经营管理。在早期的古典企业中，未发生两权分离，企业股东同时也是企业的经营者，因此，其创造的利润全部归其所有。这种情况下，传统的“企业利润最大化”目标可以自发发挥作用，使股东在追求企业利益最大化的同时也推动了全社会资源的有效配置。但在两权分离的现代企业制度下，资本提供者逐渐增多且其地位也愈显重要，他们投入了产权要素，并希望从中获得价值增值，加之企业契约的不完备属性（Coase，1937；Hart，1995），哪一主体来承载“利益最大化”的理财目标依赖于企业所有权的安排。企业契约理论认为，关于企业所有权最优的安排是将剩余控制权与剩余索取权尽量对应起来（Milgrom and Roberts，1992；Blair，1995）。在持续经营的假设下，将剩余控制权分配给物质上的剩余索取权拥有者是更有效率的一种安排，而谁拥有所有权就最大化谁的利益是私有财产的基本逻辑，因此，“股东财富最大化”的财富管理目标应运而生。Anthony（1960）的研究提出了财务目标应该是“股东财富最大化”，这一目标主张采取最优的财务政策，并通过有效的经营，在兼顾风险报酬和资金时间价值的前提下，实现股东财富最大化。这一目标的优点在于考虑了风险报酬因素，在一定程度上克服了企业追求短期利润的短视行为。

但“股东财富最大化”的不足在于：第一，这一观点忽视了企业其他相关者的利益；第二，解决企业短期行为弊端的能力有限；第三，在所有权和经营权分离的治理模式下，这一财务管理目标会造成代理者和所有者之间的利益冲突。因此，“股东财富最大化”受到了“经理人效用最大化”“股票价格最大化”“利益相关者利益最大化”等其他财务目标的挑战，Berle 和 Means（1932）指出，在股份制企业中，经营者实质上控制了企业，股份制企业的财务目标不再是追求股东利益的最大化。Lamer（1966）调查了 1963 年美国 200 家最大的非金融企业的控制类型，发现经理控制型占 85% 以上，有人由此提出了经理效用最大化的目标。Jensen（2001）从企业价值最大化出发，阐明了企业价值最大化的实现必须考虑基于利益相关者利益一定的保障。

2.2.5 委托代理理论与公司治理

Jensen 和 Meckling（1976；1979）、Fama（1980）、Fama 和 Jensen（1983）以及 Jensen（1986）等从 Berle 和 Mean（1932）所有权和控制权分离的命题出发，对企业各利益相关主体的委托代理关系以及由此产生的代理成本进行了研究。委托代理理论认为，公司不是单一的经济主体，而是不同利益主体组成的共同组织。当某一利益主体通过契约关系将达到某一特定目的行为委托给另一主体实施时，两者之间就形成了委托代理关系（Agency Relationship）。通常，由于信息非对称、契约不完备以及市场缺陷的存在，公司各利益主体之间的利益存在不一致（Fama and Miller，1972），代理人为了满足自身利益，可能产生损害企业股东价值的行为，进而产生了“代理问题”。

根据冲突主体的不同，代理问题主要分为两类：股东与管理者之间的代理问题，以及股权集中带来的大小股东间的代理问题。根据 Berle 和 Mean（1932）提出的两权分离命题，股权高度分散从而导致的代理问题成为了公司治理研究的核心问题。Jensen 和 Meckling（1976）认为，在两权分离的情况下，管理者持有企业部分股票，但是却承担与其持股比例不对等的风险。加之契约的不完备性，管理者可能以牺牲公司利益为代价谋求个人利益，比如构建商业帝国（Jensen，1986）、提高在职消费（Stulz and René，1994）、增加个人财富（Bertrand et al.，2002）、维护个人声誉与职业安全（Holmstrom and Costa，1986）以及追求工作闲暇（Aggarwal and Samwick，2003）等都是管理者进行自利行为从而导致股东与管理者之间的代理问题的动因。随着关于股权集中的研究越来越多（Demsetz，1983；Shleifer and Vishny，1986；1989），大股东与中小股东之间的代理问题引起了学者们的关注。控股股东利用手中的控制权掠夺中小股东的利益，最终产生的成本由全体股东承担，收益却全部属于大股东（La Porta et al.，1999；CDFL，1999；JLLS，2000）。因此，在投资者法律保护较弱的国家，中小股东与控股股东的利益冲突成为公司治理的核心问题。

具体到企业的环境战略方面，委托代理问题主要来自委托人和代理人对企业环境投资带来的短期风险增加与长期风险规避偏好不同。关注企业长期发展的委托人希望能够最大限度地提高环境绩效，避免因环境污染事件而受到相关部门的处罚和社会公众的责备，提升企业信誉和形象，营造有利的竞争环境，最终提高企业长期财务绩效。但企业的环保投资往往在短期无法带来直接的经济流入，同时还会增加企业成本，对企业短期绩效具有负向影响（Walley and Whitehead，1994；Palmer et al.，1995；李正，2006）。关注短期利益的代理人出于自利动机的考虑，往往会选择减少环保投入从而节约成本，获取私利的短视行为。这种情况下，股权结构、董事会特征等公司治理因素会通过作用于“代理冲突”而对企业环境战略产生影响。

在我国经济转型的过程中，企业一股独大现象使得少数股东掌握企业大部分股权并影响企业重要决策（La Porta et al.，1999；赵晶等，2014；李青原等，2017）。部分学者认为集中的股权结构能够更好地发挥监督效应，降低管理者的机会主义行为（Jensen and Meckling，1976）。Holderness（2003）的研究发现，企业价值与控股股东的控制权呈正向关系。王化成（2008）发现，控股股东在实现自己利益的同时也提高了企业整体价值。邹叶（2009）的研究表明，我国上市公司控制权的增加能够发挥有效的监督效应，降低管理层的机会主义行为。在集中的股权结构下，实际控制人的有效监督可以抑制管理层的短视行为，促使企业制定良好的资源环境战略，提高长期绩效。也有部分学者认为，集中的股权结构会导致大股东为了追求自身利益而损害企业利益，与代理人“合谋”，加剧短视行为，从而不利于企业承担环境责任。唐国平等（2013）通过实证研究发现，股权制衡度与企业环保投资均呈负相关关系，股东和管理层会形成“合谋”与“利益协调激励效应”，共同抑制企业环保投资。管亚梅和孙响（2018）研究发现，在我国集中的股权结构下，第一大股东和由其控制的管理层属于利益共同体，掌握企业的实际控制权，上市公司股权越集中，两者利益越趋于一致，企业越不愿意主动承担环境责任。

Hillman 和 Dalziel（2003）研究发现，董事会可以监督（代理理论基础）和增加资源访问（资源依赖理论基础）。已有文献从这两方面出发，分析了董事会的特征对企业环境表现的影响。一方面，董事会扮演监督者的角色，良好的董事会运作可以监督和制约代理人的短视行为，改善公司治理从而缓解代理问题，使企业更加关注长期发展，促进企业环保投资决策的科学化（Hillman and Dalziel，2003；李维安等，2007；陈运森等，2011；毕茜等，2012）。当董事会扮演监督者角色时，董事会的规模、独立董事比例、机构投资者持股比例等特征因素都会对其改善公司治理的效率效果产生影响（Chaganti et al.，1985；Liao et al.，2014；刘儒昞，2012）。另一方面，董事会可以通过提供专业的指导以及资源帮助企业实现更好的环境绩效（Pfeffer and Salancik，1979）。Villiers 等（2011）的研究发现，当董事会扮演资源提供者角色时，董事会规模、具有法律背景的董事数量等因素与企业环境绩效正相关。

第3章　文献综述

3.1　企业社会责任

3.1.1　企业社会责任影响因素相关研究

企业社会责任的承担主要受到企业内外部两方面因素的影响。进一步细化，内部因素主要包括经济驱动和道德驱动，外部因素主要包括政府管制与社会压力，而根据“利益相关者理论”，又可以将社会压力细分为社区压力、非政府组织压力、采购商压力、消费者压力等。具体影响因素见图3－1。

从内部因素来看：一方面，企业社会责任行为受到道德因素的驱动，企业决策绝非仅仅由利润最大化动机所驱动，尊重生命、尊重环境这类广泛接受的道德价值观会对企业决策产生影响（Kropotkin，1968；Sen，1990）。Baden等（2008）对英国中小企业的调查研究表明，中小企业参与社会责任活动主要是为中小企业主的价值观所驱动。Abdul和Ibrahim（2002）的研究认为，企业管理人员的家庭教养、传统信仰和风俗、宗教训练等因素可以通过影响管理人员社会责任态度的方式进一步影响到他们的社会责任行为。另一方面，不道德的企业往往面临更高的经营成本（Thomas et al.，2004），同时研究表明，社会责任对企业的长期财务绩效

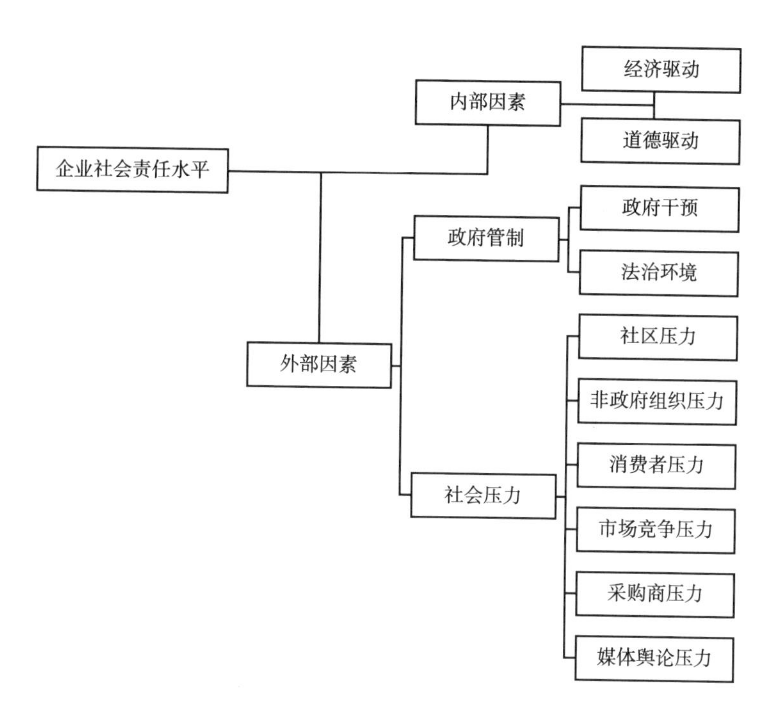

图3-1 企业社会责任关键影响因素

具有正向影响（Griffin and Mahon，1997；Margolis and Walsh，2001；郭红玲，2006），为了降低经营成本进而获取更高的经济利益，企业通常会主动承担社会责任（陶春华，2016）。

社会责任问题的解决不能仅仅依靠企业绩效，还需要外部驱动，否则社会责任行为很难实现。从“政府管制”的角度看，政府可以通过法律法规等形式积极引导、规范企业的社会责任行为，企业会超越自身直接经济利益，实行法律要求的强制责任（Carroll，1979；Windsor，2006）。Givel（2007）研究发现，为避免政府管制，企业会通过履行社会责任的方式与政府建立良好关系。Dummett（2006）的研究发现，政府立法或管制是企业承担社会责任的第一位驱动因素。从“社会压力”的角度看，“利益相关者理论”明确了企业社会责任的对象，使其不再仅仅是抽象的“社会”概念（Mitchell et al.，1997），企业处理与利益相关者关系的能力被视为影响其生存与发展的关键因素。已有研究表明，企业社会责任可以通过声誉作用（Fombrun and Shanley，1990）、消费者忠诚度（Lichtenstein et al.，2004；Luo and Bhattacharya，2006；Baden et al.，2008）、员工满意度（Turban and Greening，1997）等效应满足利益相关者的要求，从而吸引更多的投资、更多优秀的员工和更多忠诚的顾客，获取利益相关者的支持，最终形成企业的竞争优势。

3.1.2 企业社会责任经济后果相关研究

有关企业社会责任经济后果方面的研究非常丰富，具体来说，可以分为正相关、负相关、不相关和非线性相关四类。

企业社会责任的支持者从“利益相关者理论”“资源基础理论”和“声誉理论”出发，认为企业承担社会责任会对企业经济绩效产生正向影响。Jones（1995）的研究认为，社会责任行为能够提高利益相关者对企业的信任，提高企业财务绩效。Turban 和 Greening（1997）、Barnett 和 Salomon（2006）分别从雇佣关系、顾客关系和投资者关系角度支持了这一观点。Dhaliwal 等（2012）研究发现，企业社会责任的披露有助于降低分析师的预测偏差，这种效应在其他利益相关者权力更大的国家或者财务信息披露水平落后的国家更为明显，最终提升了企业财务绩效。因此，他们认为，企业社会责任信息的披露能够提升企业声誉，进而可以促进企业销售，并且使其获得监管者的优待。Hart（1995）认为，企业社会责任的履行能够为其带来特殊的资源和能力，进而产生可持续竞争力。Russo 和 Fouts（1997）分别从有形资源、无形资源和人力资源三个方面，分析了社会责任行为可以帮助企业积累特殊资源，从而对企业绩效产生积极影响。Fombrun 等（2000）和 Godfrey（2005）认为，社会责任行为能够形成“道德声誉资本”，在利益相关者对企业的负面行为进行归因时，这种资本能够降低负面归因的可能性，从而对企业绩效发挥“保险作用”。同时，企业社会责任承担可以通过改善企业形象起到提高企业价值的作用（Muller and Kraussl，2011）。

企业社会责任的反对者则认为社会责任的承担会增加企业成本，进而降低企业绩效。而企业唯一需要履行的社会责任就是遵循市场规则，以利润最大化为目标，提高产品生产效率（Friedman，1970），将有限的资源投入社会问题中会增加企业成本，降低企业竞争优势（Aupperle et al.，1985；Barnett，2007）。具体来讲，已有研究将承担社会责任的成本分为两类：一类是社会责任活动本身导致的直接成本，这类成本会占用企业资金，增加经营风险，对企业绩效产生负面影响（Freedman and Jaggi，1982；李正，2006）。另一类则是基于委托代理问题产生的代理成本，管理者可能产生为了追求个人声誉而承担社会责任的机会主义心理，最终导致企业财务绩效的下降（Friedman，1970；Navarro，1988；Wang et al.，2008）。

除了正相关和负相关外，部分研究认为社会责任与企业绩效之间并不存在相关性。Fogler 和 Nutt（1975）首次提出了企业社会责任与经营绩效无关论。Subroto 和 Hadi（2003）以印度企业为研究对象，同样发现社会责任与经营绩效之间并不相关。石军伟等（2009）以中国151家企业的调查数据为研究对象，实证检验得出了同样的结论。

此外，一些研究发现社会责任与企业经营绩效之间存在非线性关系。Wang 等（2008）发现，当企业的慈善捐赠水平超过一定水平时，其与财务绩效之间的关系表现出负相关，即慈善捐赠带来的成本高于其带来的收益，因此，它们之间存在倒“U”形关系。张萃等（2017）研究发现，承担环境责任与企业绩效间具有同样的倒“U”形关系。温素彬等（2008）发现，社会责任的履行增加了企业的短期成本，进而降低了企业绩效，但是从长期来看，社会责任的履行降低了企业成本，提高了企业市场份额，从而增加了企业长期绩效。

3.2 企业环境资源

3.2.1 企业环境资源影响因素相关研究

由于人们对自然环境关注程度的增加，企业环境资源的相关话题受到会计、财务学者的广泛关注。国外研究主要从企业内外部两方面分析了企业环境资源的影响因素。从企业外部来看，企业会在经营过程中承受来自社会各方“利益相关者”的压力，比如政府制定相关法律法规、非政府组织发布环保报告、顾客和供应商对企业施加压力，以及社会公众和媒体的监督等（Mobus and Janet，2005；Delgado – Ceballos et al.，2012；Yang et al.，2015；Cheng et al.，2017；Muttakin et al.，2018），为了保持稳定经营，获取市场竞争优势，企业不得不满足相关方对环境资源投入的要求，进而影响到企业环境资源战略的选择。Freedman 和 Jaggi（2010）认为，京都议定书的签订以及对温室气体（Greenhouse Gas，GHG）的限定能够激励管理层通过提高治污业绩来达到协议要求，进而提高 GHG 披露质量。他们采用 CDP 的调查问卷、企业官网、企业年报以及社会环境和可持续报告中披露的内容，利用样本国家中全球福布斯排名前2000 公司中的510 家公司作为样本，采用内容分析法对 GHG 披露情况进行评估。结果发现，印度的 GHG 披露程度最高，其次是美国、日本和加拿大的披露程度高于欧盟国家，欧盟不同国家之间 GHG 披露程度也存在显著差异。Peters 和 Romi（2009）检验了公司自愿披露公司碳会计信息的动机和原因，结果发现市场结构与企业的增强披露存在显著关系，而法律结构对其并无影响。

从企业内部来看，一方面，代理人获取激励收入、职业声誉、在职消费的自利动机往往会影响到企业环境资源方面的战略选择，而公司治理因素，如董事会特征（Salancik et al.，1978；Hillman and Dalziel，2003；李维安等，2007；陈运森等，2011；毕茜等，2012）、股权结构（Holderness，2003）等会通过改善公司治理作用于企业的资源环境战略。另一方面，高管自身的性别、教育、宗教等特征（Kropotkin，1968；Sen，1988；Etzioni，1988；Rashid and Ibrahim，2002；Baden et al.，2008）以及公司规模、前期披露情况和外销额等公司特征（Stanny and Ely，2008）也会对企业环境资源战略产生影响。

国内学者对环境资源影响因素的研究主要集中在公司个体特征和公司治理方面（潘红波和饶晓琼，2018）：例如，李正（2006）研究发现，直接控股股东股份性质以及股权集中度与环境信息披露没有显著的相关性。刘洋等（2012）以2008—2010年山东省53家重污染行业的上市公司为样本，研究发现企业规模越大，其环境信息披露程度越高。唐久芳等（2012）、郑若娟（2013）以及毕茜等（2015）也得到了相同的结论。卢馨等（2010）研究发现，相比非国有企业，国有企业的环境信息披露水平显著更高。彭珏等（2014）也得到了相同的结论。黄珺等（2012）发现控股股东的持股比例、股权制衡度和高管持股比例与企业环境信息披露水平显著正相关。部分学者研究了监管和政策的影响。顾英伟和付信侠（2012）认为法律法规、税收政策以及环保观念等是影响碳市场交易的主要因素。沈洪涛和冯杰（2012）研究表明，环境信息的披露为环保活动提供了信息支持和制度保障，而政府监管以及公众舆论的监督也促使企业更好地进行碳信息的披露，进而督促企业改善其环境表现。

3.2.2 企业环境资源经济后果相关研究

Kim和Verrecchia（1994）指出，环保意识的增强促使人们对企业环境信息知情权的要求逐步增高，环境信息的重要性日益凸显。环境信息的披露能够通过信息传递的方式，对企业证券的流动性、资本成本产生影响（Healy and Palepu，2001）。因此，现有研究主要从权益资本成本、预期现金流量以及企业价值三个方面对环境信息披露的经济后果展开研究。

从权益资本成本来看，Richardson 等（1999）研究发现，环境信息披露质量与企业权益资本成本之间存在显著的正相关关系。而 Healy 和 Palepu（2001）则认为，进行环境信息披露可以降低公司的权益资本成本。Marshall 等（2009）将美国企业分为环境敏感、不敏感、敏感并受监督三类，研究发现环境信息披露与权益资本成本之间存在负向关系，且这一关系在敏感型公司中表现得更加显著。Hassel 等（2005）、Aerts 和 Cormier（2009）以及 Dhaliwal 等（2011）的研究也得到了相同的结论。国内研究的结论较为统一，大多认为环境信息披露质量与权益资本成本负相关。朱吉（2008）以 2004 年我国重污染行业上市公司的 123 家企业为研究对象，设计了包含 10 个指标的信息评级体系衡量环境信息披露水平，结果发现，环境信息的披露与权益资本成本之间存在显著的负相关关系。沈洪涛等（2010）也得到了相同的结论。吴红军（2014）发现，仅当企业披露的环境信息具体且可验证时才能显著降低企业权益资本成本。针对碳信息披露的研究，已有研究发现，碳信息披露能加强企业利益相关者的信任，降低企业交易成本与市场风险，进而提高企业的融资能力，并降低融资成本（Graham et al.，2005；何玉等，2014）。

从预期现金流量来看，国外大部分研究认为，企业环境会计信息有助于增加企业未来现金流量。Blacconiere 和 Patten（1994）、Patten 和 Nance（1998）首次对环境信息与预期现金流量之间的关系进行研究，发现企业环境信息披露数目越多，企业股票的累积超额回报率越高。Marshall 等（2009）通过构建模型预测企业现金流的方式，对美国天然气、化工、食品饮料、医药和电力五个行业的上市公司进行研究，发现环境信息披露质量越高，企业未来现金流量水平也越高，但这一关系会受到企业所处行业以及环境信息的披露方式影响。但也有部分学者认为企业环境信息披露与其现金流量并非正相关关系。国内学者对于这一问题没有形成统一的结论，刘尚林等（2011）认为，环境信息披露内容的性质差异可能会对企业未来现金流量产生正向或者负向的影响。张淑惠等（2011）研究发现，环境信息披露质量越高，企业未来预期现金流水平也越高。

国外学者对于环境信息披露与企业价值的影响并没有形成统一的观点。Belkaoui（1976）发现，短期来看，污染控制费的披露能够提高企业股票的市场表现。Denis 和 Michel（2007）研究发现，环境报告的披露能够提高企业的市场价值。Henriette 和 Guro（2012）选择托宾 Q 衡量企业市场价值，发现自愿性环境信息披露与企业价值正相关。Clarkson 等（2013）以美国污染行业为研究对象，通过环境信息披露指数的构建，发现环境信息披露水平与企业价值之间存在显著的正向关系。Harjoto 和 Jo（2015）以及 Plumlee 等（2015）得到了类似的结论。也有部分学者认为环境信息披露与企业价值并非正相关，Shane 和 Spicer（1983）研究发现，负面的环境信息披露与企业价值呈负相关关系。Bewley 和 Li（2000）以加拿大企业为研究对象发现了类似的结论。Denis 和 Michel（2007）以德国公司为研究样本，研究发现，环境信息的披露与企业市场价值并无关系。而国内研究则统一认为环境信息披露对企业价值存在正向影响。Veith 等（2009）对碳交易的经济后果进行了研究，结果发现排放权价格的提高能够提高企业股票收益率，这说明企业不仅将监管的负担转移给了消费者，还获得了过度补偿。Oberndorfer（2009）的研究表明，欧盟碳排放权价格的提高带来了电力公司股票收益率的上升，但这种影响具有时期性和不对称性，其在不同国家之间的表现存在一定的差异。唐国平和李龙会（2011）研究发现，高质量的环境信息披露会增强投资者信心，从而提升公司市场价值。叶陈刚等（2015）研究发现，已通过 ISO14001 环境标准的企业，其主营业务收益和所有者权益得到了显著的增长。

3.3 文献评述

有关环境信息披露方面的研究，国内外学者已经在理论和实践方面取得了具有一定价值的成果。但通过本章的回顾和梳理可以发现，目前国内外会计、财务学者对企业社会责任（环境资源）的研究存在以下不足：首先，有关环境信息披露经济后果，目前的研究主要是围绕自愿环境会计信息披露的（Kumar and Shetty，2018），而自愿环境信息披露受企业和高管很多因素影响，从而会导致相关研究结果的偏差。其次，没有构建合适的环境资源评价指标，现有文献主要从排污费用（张艳磊等，2015）、环保资本支出（黎文靖和路晓燕，2015；胡珺等，2017），自主构建综合指标体系（唐国平等，2013；沈洪涛等，2014）等方式对环境表现或环境绩效进行度量。最后，已有研究对环境资源投资的相关成本分析不够，已有文献主要通过成本效应和资源获取效应视角分析企业环境绩效如何作用于企业经济绩效，在已有文献的基础上，本书从企业环境资源的创新驱动效应和声誉效应视角进行了拓展。另外，在以排污权和碳排放权为代表的环境会计确认和计量方面，国际会计准则、美国会计准则和日本会计准则存在较大的分歧和不一致（周志方和肖序，2010；高建来和文晔，2015）。

鉴于企业环境资源的重要性，而且相关研究比较欠缺，本书拟从以下三个方面进行拓展：首先，构建企业环境资源价值指数，对已有相关文献进行发展和创新。基于企业环境资源相关理论以及主要经济体企业环境监管和评价体系实践，结合层次分析法，从企业环境资源管理的控制和效果方面构建企业环境资源价值指数。企业环境资源管理的控制指标包括企业环境保护意识和理念，与环保相关的制度或者组织结构、宣传和培训，与环保相关的投资实践，环保设备运行情况以及采取的改进措施四个方面。企业环境资源绩效指标包括企业环境资源的价值体现和价值趋势。在企业环境资源的价值体现方面，本书创新性地采用企业环境资源评价因子的安全边界度量，即安全边界 =（标准限值 - 实测浓度）/标准限值 ×100%。

其次，基于股东财富最大化理论和利益相关者理论，研究企业环境资源价值的影响因素，特别关注政策监管等制度因素的作用，丰富了企业环境资源的相关研究。特别地，本书研究发现，《环境保护法》能促进企业改善环境绩效，而且在区域经济发展水平更高时，这种正向调控效应更强。

最后，深化企业环境绩效如何作用于企业经济绩效的路径的相关研究。已有文献主要通过成本效应和资源获取效应视角分析企业环境绩效如何作用于企业经济绩效。在已有文献的基础上，本书从企业环境资源的创新驱动效应和声誉效应视角进行了拓展。

第4章　主要经济体企业环境监管和评价体系实践

最近几十年间，各个国家逐渐认识到了非持续的经济增长对于当代以及下一代公众健康和社会福利的不良影响。这促使国家将建立一套完善的环境绩效指标作为一项关键的国家任务。环境资源的管理和投资对社会稳步可持续发展的重要性，获得了各国从政策制定部门到监管部门的一致认同。为了更好地从国家层面以及各级地方部门层面全方位地对环境资源的统筹管理，各国从政策法令到行为规范，从事前控制和预防到事后的调控和治理，不断强化和发展环境资源保护和管理的各项实践。良好高效的环境绩效评价体系，不仅要包括对企业生产过程中以及生产活动结束后产生的污染源的治理，更重要的是帮助企业在最初就建立减排和降污的控制意识。因此，如何选取评价指标、如何定义污染程度和影响范围以及面对复杂且庞大的环境数据，政策制定者应该如何分析和处理等问题，是建立行之有效的环境绩效评价体系首先必须解决的拦路虎。当前一些国家如美国、日本、加拿大、澳大利亚等已经先于我国开始了环境资源管理和监管体系的探索，并且已有显著成效，为我国在建设环境资源管理体系的过程中提供了不可或缺的宝贵经验。

4.1　美国企业环境监管和评价体系实践

美国拥有较为完备的环境法律体系，如《清洁空气法》《清洁水源

法》《有毒物质控制法》等，试图从有毒材料的使用到污染后的有效治理全方位地对企业环境绩效进行控制和管理。同时，针对不同污染媒介，美国政府也出台了一系列对应的评价技术规范，对企业环境资源的利用和投资加以正确的引导和支持。通过立法和行为规范的引导，美国政府以及监管部门尝试从事前的减排和预防到事后的治理和处罚，形成一套成熟的管理和监督体系，应用在企业整个运营活动中，提高企业的环境资源保护意识和环境投资效率。为此，美国政府做了许多努力，1986 年环保署通过了《有毒物质排放清单》（TRI），要求企业汇报清单所列有毒物质的排放情况，同时由环保局对信息进行汇总披露，试图从原料购买阶段就对污染源进行控制和管理。但是，由于存在行业、企业规模以及污染物危险程度差异，这种事后披露无法反映出企业真实的环境资源管理水平，也不能有效地对企业间的环境管理表现进行横向对比。尽管如此，作为早期企业环境绩效信息强制信息披露和监督的雏形，这一政策的实施还是对企业的环境资源管理意识和自觉减排行为产生了有效的促进作用。目前影响范围最广的是 1999 年环保署提出的国家环境绩效跟踪计划（NEPT），于 2002 年正式启动。该计划采用的是企业自愿加入基础上的奖励和开除机制，旨在鼓励那些已经达到法律要求的企业，进一步采取利于公众、社会和环境的行为，以取得更加有效的环境绩效。显然，该项计划所涉及的企业具有一定局限性，不能更广地覆盖到所有企业的环境绩效表现。但是，这些标准开始从不同维度对企业进行引导和鼓励，涉及上下游部门以及投入产出中污染管理的具体表现，相比于《有毒物质排放清单》，对企业环境资源管理的表现给予更多维度的考核和要求，激励企业从源头控制到事后治理都能更加符合规范，提高整体环境绩效，也增强了国家与地方之间的紧密合作，是一次成功的实践。这些标准可以体现衡量企业环境表现的几个重要维度（评价标准的框架见图 4 -1）。

（1）环境管理体系（EMS）。环境管理体系可以反映一个企业为满足

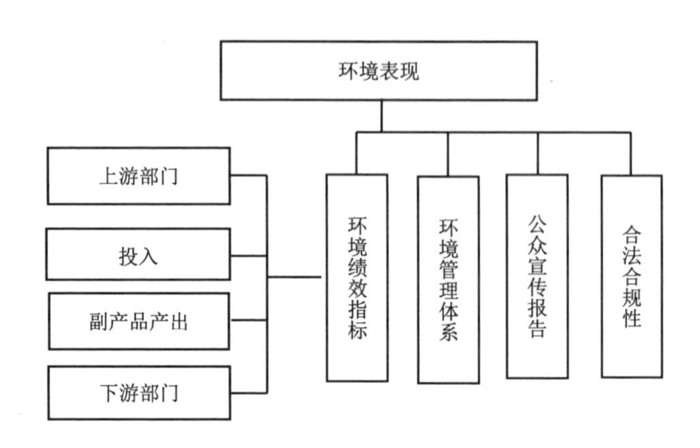

图 4-1　环境表现评价框架

环境规定所做出的系统性努力，因此，企业应当至少拥有一套完整的环境管理体系（需要具备政策、计划、实施和运作、检查和纠正措施以及管理评审这五类基本要素），并已完成一整套体系的运作循环。这一体系所涉及的范围和规范程度可以根据企业自身的性质、规模以及经营复杂度而进行相应的调整和改良，同时，相关部门也会向小企业提供有关的指导性文件和辅助材料，帮助小企业更快建立管理体系，以达到绩效要求。利用这种形式构建的环境管理体系，可以满足各种规模和行业种类下企业更好地执行环境管理。

（2）环境绩效指标。企业在申请加入计划时，需证明其在环境绩效方面已取得的业绩并承诺继续进步。以全球报告倡议组织（GRI）发布的《可持续发展报告指南》为基础，对企业已有的环境绩效进行评价和披露，要求环境表现的披露包含以下两个方面：环境表现类别和环境表现因子。前者指某一类型的环境损害，如污水、废气的排放；后者则指对环境产生影响的具体因子，如污水中包含的某类污染物成分。为了证明企业过去的环境表现，企业必须在环境表现类别中选择至少两种因子进行披露，并描述过去一年里企业在该类污染治理方面所取得的进步。这就直接反映了企业生产流程中资源使用以及污染治理水平。具体如表 4-1 所示。

表4-1　环境绩效指标

阶段	指标类别	具体指标
上游部门	原材料采购	回收用料量
		危险或有毒原料量
	供应商环境表现	评价内容相同
投入	原材料使用	材料使用量
		危险或有毒材料使用量
		总包装材料用量
	水资源使用	总用水量
	能源使用	总燃料使用量
		运输能源用量
	土地和栖息地	土地和栖息地保护
		公共用地恢复
副产品产出	气体排放	温室气体总排放量
		VOCs总排放量
		NOX、SOX、CO
		PM2.5、PM10
		有毒气体
		气味
		辐射
		粉尘
	水中排放物	COD、BOD
		有毒物质
		固体悬浮物总量
		营养物
		径流带来的沉淀物
		病原体
	废物排放	由于管理方法造成损坏的非有害物质
		由于管理方法造成损坏的有害物质
	其他	噪声、震动

续表

阶段	指标类别	具体指标
下游部门	产品	预期寿命能源使用量
		预期寿命水使用量
		预期寿命废物排放量
		产品处置回收产生的废物排放

（3）公众宣传报告。环保署希望每个申请者都能履行对公众宣传的承诺并定期向公众发布业绩表现报告，开展宣传活动以及发布定期报告将有助于充分发挥公众的监督作用。向公众宣传的方式可以有很多，包括设立社区咨询委员会、举办社区会议、安排开放参观日等公众参与活动。除此之外，企业必须披露公民针对环境问题提出诉讼的记录。

（4）合法合规性。该维度的提出建立在环保署已发布的《合作伙伴关系筛选指南》基础上，遵守环境相关法律法规是企业开展健全和有效环境管理的基本要求，因此，参与计划的企业需要有遵守环境法规以及符合所有现行环境标准的良好记录。

国家环境绩效跟踪计划（NEPT）是具有股利性质的环境管理方式，它通过市场调查、公众舆论与政策奖励等手段帮助企业遵循环境法规，并对环境表现方面做出的改进进行奖励，并且首次将对企业的环境绩效考核拓展到了企业上下游，这种纵深发展趋势的考核，有利于企业加强环境资源管理源头的控制和产出的治理，具有借鉴意义。但这种激励性质的引导和规范多以自愿加入为主，且伴有进入门槛，不能真正覆盖到环境绩效差、亟待改进的企业，同时缺乏有力的惩戒措施，对于企业环境污染的负外部性仍存在控制不足、对象有限等问题。

4.2　日本企业环境监管和评价体系实践

日本学者从 20 世纪 90 年代开始对环境会计问题进行研究，在短短的 20 年内获得重大的成功。日本政府倡导各个企业对于自身经营过程中涉及的环境资源管理进行披露，形成环境报告书。本田汽车和东京电力是最早披露环境会计相关信息的企业，开启了日本环境会计建设之路。至 2010 年，已有超过 1300 家上市公司及非上市公司发布了环境报告，居世界首位。这些公司主要采用文字和图标相结合的方式对环境成本、经济效果和物量效果等信息进行披露，其中，环境保护成本表和环境保护经济效果表是以货币计量的。具体形式如表 4－2 和表 4－3 所示。

表 4－2　　环境保护成本表

分类		内容
经营领域内成本	防止公共污染成本	防止大气、水质、土壤污染等
	地球环境保护成本	防止温室化、保护臭氧层等
	资源循环利用成本	资源有效利用、减少废弃物等
上下游成本		产成品、零件及原材料的回收再循环
管理活动成本		环境教育费、事务局运营费、环境信息公告费
研究开发成本		降低环境负荷的研究开发
社会活动成本		参加环境保护活动、捐款及支援
环境破坏对应成本		土壤保护及自然环境治理

表 4－3　　环境保护经济效果表

经济效果	具体项目
收益	回收品销售收入
费用节约	能源费用的节约
	废弃物及回收品处理费用的节约

为了更好地对企业环境报告的内容和形式进行引导和监管，2000年3月，环境省颁布《企业环境业绩指标》，首次提出了对企业环境保护成本以及取得环境效果进行量化评价。为了帮助组织内部与其他利益相关者对组织环境保护努力程度进行测量与评估，环境省随后出台《组织环境绩效指标指南（2000版）》。参考国际相关规范指引，2003年出台的《组织环境绩效指标指南（2002年版）》在2000年的基础上对组织适用范围进行了拓展，指出组织披露的环境绩效指标应当包含操作性指标、环境管理指标以及管理相关指标三种类型，其中，部分操作性指标属于强制要求披露的核心指标，而另一部分操作性指标及管理指标则属于可根据组织类型进行选择性披露或用于补充说明核心指标的次级指标。

操作性指标旨在衡量整个商业活动过程带来的环境负荷，基于物质守恒原则，其不仅测量了产出端污染排放的程度，还考虑了投入端可能会带来环境负荷的因素，可以综合反映组织的污染排放程度以及资源能源运用效率。指标情况如表4-4所示。

作为次级指标，环境管理指标衡量的是组织在商业活动中资源的管理情况及其在环境保护方面做出的社会贡献，相较于《环境报告指南》中提及的定性测量方式，该指南提出了该类指标的具体量化方法。管理相关指标没有直接反映企业的环境负荷，但其有助于计算组织的资源运用效率以及降低单位经济活动的环境负荷。因为组织追求的理想情况是在取得一定经济效益的同时尽可能少地对环境产生负面影响，反映这种效果需要把经济活动成果与活动带来的环境影响进行比较考虑，即计算环境效率指标，主要有单方面的环境指标和综合指标，最典型的单方面指标如销售额/二氧化碳排出量，综合指表如受害型影响评估法（LIME）、环境政策优先度指数（JEPIX）。指标的具体内容及测量方式如表4-5所示。

表 4－4　　　　　　　　　　　　**操作性指标**

	核心指标	次级指标	次级指标（可持续发展目标）
投入	总能源投入	能源投入分类	每个产品组的能源效率
	总原料投入	原料投入分类	组织内的循环使用材料
		原料使用情形	组织内的热循环使用材料
	用水量	水资源分类	原材料重复利用用量
产出	温室气体排放量①	东京协议中规定的六项排放物（CO_2、CH_4、N_2O、HFC、PFC、SF_6）	每个产品组的循环用料占比
			原料及包装物的重复/循环使用量
	化学物质排放量	PRTR 中规定物质排放量②	容器/包装材料回收量
		受其他管制物质排放量	水资源重复利用用量
	总产量/销售	按单位计量的产品服务数量	二氧化硫、一氧化氮排放量
		用于降低环境污染的产品服务量	二氧化碳排放量
		具有环保认证的产品服务数量	化学物质存储量
		容器/包装材料用量	受管制的污染排放集中度
	垃圾排放量	产生的垃圾种类	土壤、地下水及沉淀污染物情形
	垃圾处置量	垃圾处置方法	受管制的污水排放集中
	污水排放量	污水排放地区类型	绿化面积
		水质（BOD、COD）	噪声、震动、气味

注①：将各类温室气体排放量分别乘以对应的温室效应系数，对修正后的温室气体排放量进行加总得到该指标。

注②：具体计算方法见环境省 2001 年颁布的《PRTR 排放物计算手册》。

表 4－5　　　　　　　　**环境管理指标及管理相关指标**

指标类别	次级指标	具体衡量方式
环境管理指标	环境管理系统	ISO14001 认证数量
		环境审计师数量
		拥有环境管理系统的场所数
		环境保护相关培训次数及员工出席率
	环境保护技术	达到节能标准的产品数
		考虑拆卸、回收、再利用和节能的产品数量
		基于 LCA 的主产品环境负荷分析与评价结果
		环境设计研究与开发经费

续表

指标类别	次级指标	具体衡量方式
环境管理指标	环境会计	环境保护成本
		环保活动的经济效益
	绿色采购	环保型产品/服务的购买量/比例
		低排放或节能机动车数量
	环境法规遵守情况	违规案件数量
		违规罚款金额
	环保方面的社会贡献	给予环保组织的资金支持金额
		志愿活动的员工参与人数
		环境保护活动表彰
	职业安全及职业健康	工业事故发生频率
		因工伤损失的天数
		职业健康安全费
	环境交流与合作	公开披露环境报告的场所数量
		环境相关广告次数
		与利益相关者对话次数及参与人数
		针对当地社区开展的环境教育次数及参与人数
		与当地社区合作开展环境活动次数及参与人数
管理相关指标	管理指标	销售量
		雇员数量
		其他
	其他相关指标	生态效率指标
		环境负荷指标

可以看出，相对于美国的环境资源管理体系，日本的管理体系在重视开源节流的同时，同样关注上下游企业对于企业环境污染和管理水平的影响。除此之外，更加细化了环境管理的种类和品类，便于企业更加细致化地提升自身环境绩效，将员工安全、环境投资等纳入评价体系中，加大环境保护力度和社会福利体系的建立。

4.3　加拿大企业环境监管和评价体系实践

为了满足社会对环境绩效报告日益增长的需求，加拿大特许会计师协会（CICA）与加拿大标准协会（CSA）、国际可持续发展协会（IISD）、加拿大财务经理协会（FEDC）于 1994 年共同合作完成了《环境绩效报告》（以下简称《报告》），该报告为企业如何更好地对外披露环境绩效信息提供了全面的指导。报告主要列举了资源、公共事业、大型制造业、小型制造业、零售业、交通业和其他服务业共 7 个行业、15 个方面的环境绩效指标。虽然这份研究报告发布于 20 世纪末，但其仍是目前世界上最有影响力的评价体系之一。

报告提出了企业进行环境绩效信息披露的基本框架，指出，企业在环境绩效报告中需要披露的内容可大致分为两类，一类是基本要素，另一类是选择性要素。基本要素指企业应当进行准确详细描述的部分，其中涉及的内容可进一步细分为以下四个方面：公司总则、环境政策目标、环境管理系统和环境绩效分析。

（1）公司总则。这部分反映的是企业在环境管理方面做出的总括性规定以及对管理效果的概括性描述，具体涉及高管对环境的承诺、环境法规对公司的影响、业务流程及产品服务对环境的影响等内容。

（2）环境政策目标。这部分反映了企业将如何处理其与环境之间的关系。环境政策给公司的行为指明了大体的方向，而企业环境目标则从不同业务层次角度规定了各环节需要达到的标准，其中包括短期和长期目标。

（3）环境管理系统。这部分旨在阐述企业环境管理系统的有效性，相关内容可包括企业采取什么样的方式实现目标，是否根据环境当前状态及时改进管理程序以及环境审计细节等。

（4）环境绩效分析。该部分希望企业能够运用财务、经营、科学和其他相关统计数据分析企业环境管理行为的效果，并参照企业环境目标提出未来的改进方向。其重点关注的领域有投入产出情况，污染排放及治理情况，合法合规性以及在环保宣传及与利益相关者合作方面的投入。表4－6反映了环境绩效分析中经常运用的指标，其中，对于衡量资源使用以及污染排放治理情况的指标，报告按照其制定的行业划分标准（七类）分别列举了适用于各个行业的具体指标，此处所列指标涵盖了全部行业。

表4－6　环境绩效分析常用指标

指标类别	具体指标	衡量方式举例
投入产出	土地破坏与恢复	受损土地占总占用土地面积
		预计总修复成本
	能源节约	能源使用量
		能源节约倡议
	科技创新	可供选择的投入
		可供选择的技术
		可供选择的产品、服务、包装
	环境责任产品服务	供应商标准
		顾客使用信息反馈
		包装物设计及用料
污染防治	污染预防	新技术开发
		新流程开发
		危险物质的处理与储存
	固体废物管理	垃圾填埋法
		重复与循环使用
		废物减排倡议
	危险废物管理	废物排放总量
		废物毒性度
	空气计划	废气排放量
		废气减排倡议

续表

指标类别	具体指标	衡量方式举例
污染防治	水资源计划	工业废水排放量
		水处理、净化系统
	突发事件预防	接受培训的员工数量
		预防总支出
		环境灾害发生风险
	自我监控计划	内外部审计
合法合规	法律法规遵守情况	合规事件占比
		违规事件次数
		污染物泄露情况
培训交流	员工环保意识	员工培训次数与参会率
		员工主动性
	利益相关者交流	向董事会报告次数
		向利益相关者咨询次数
		与社区的合作以及社区支持情况
		受到相关部门的环境奖励情况

在披露基本要素的基础上，《报告》还指出企业可以根据自身实际情况选择性披露其他相关内容，比如，能够证明陈述公正性、环境管理系统有效性或者对政策和程序遵守情况的第三方意见和对文中所涉及专业用语的补充解释说明。

除了《环境绩效报告》外，加拿大国家环境与经济圆桌会议（NRTEE）于 2001 年发布的《计算生态效率指标：工业手册》（以下简称《手册》）也为企业环境绩效评估做出了重要贡献。在追求可持续发展的大背景下，“生态效率”这个概念自世界可持续发展工商理事会（WBCSD）1992 年初次提出后便成为了评价环境管理水平的重要内容。1998 年，WBCSD 提出了制定生态效率指标的八项基本原则，但在随后很长一段时间里，一直缺乏统一的指标来对生态效率进行计量。而《手册》的出台则在很大程度上填补了这部分空缺。《手册》提出了衡量企业生态效率的统一指标，着重介绍了有关能源强度、废物以及水资源这三方面生态绩效指标的具体测定方法，其增强了生态效率指标在不同企业以及商业部门间的可比性，进一步推动生态绩效指标向财务指标的标准性靠拢。

加拿大的环境资源管理体系涉及范围广、使用难度小、保护力度大，但由于这一体系主要考虑的是企业外部利益相关者的信息需求，因此，不能够完全符合企业环境管理的需要，还需要企业结合自身实际情况有重点地进行选择性披露，这一点是我国在建立环境管理体系时应注意的方面。

4.4 澳大利亚企业环境监管和评价体系实践

澳大利亚环境部2003年出台的《澳大利亚三重底线报告：环境指标报告指南》为该国企业环境绩效评价提供了指导意见。这份指南旨在支持企业对其环境绩效表现进行自愿性披露，为企业提供可选择的、合适的环境绩效评价指标。该指南将环境指标划分为环境管理指标和环境绩效指标两类（如表4－7所示），前者提供了反映企业环境管理过程是否充分的信息，后者则测量了企业进行商业活动时影响环境的投入与产出量以及环境质量。

表4－7 环境指标体系内容汇总

一级指标	二级指标	具体内容举例
环境管理指标	环境管理系统一致性	系统认证情况
		系统审计程序
		行业标准达标
	环境绩效提升流程	环境风险和机会的识别
		披露环境问题的解决程度
		优先考虑的环境问题目标

续表

一级指标	二级指标	具体内容举例
环境管理指标	环境管理系统融合性	其他管理系统中涉及的环境指标
	尽职调查流程	商业活动中的重大环境风险问题
	环境负债	预计环境修复成本
环境绩效指标	资源与排放	资源使用及废物排放量
		相关环保倡议的提出
	生物多样性	拥有或管理相关区域的面积
	供应商	相关协议的签订
	产品与服务	环保产品数量占总产品数量的比例
		产品设计过程适用的环境评估标准
		不同阶段分别识别环境影响的步骤
	合法合规	监管违规次数
		违规罚款金额
		物质泄漏发生记录

指南构建的五项环境管理指标参考了 GRI 于 2002 年发布的《可持续性报告指南》，其中，包括环境管理系统一致性、环境绩效提升流程、环境管理系统与其他管理系统的融合性、尽职调查流程以及环境负债。其中前三项为核心指标，后两项为附加指标。值得强调的是环境负债，该项指标对于外部利益相关者而言十分重要，尤其是分析师及投资者，因为其决定了企业当前和未来可能会存在的债务水平。当企业拥有对环境损害进行修复的特殊义务时，环境负债便会产生。

环境绩效指标有助于企业计算和报告其业务对环境造成的影响程度，包括动植物、陆地、空气和水资源，其为企业反映环境绩效信息提供了一个一致的、可比较的且易于理解的信息框架。指南中提到的绩效指标主要涉及以下几方面关键环境问题：能源、温室气体、水资源、原材料、垃圾废气排放、生物多样性、消耗臭氧层物质、供应商、产品与服务以及合法合规性。

4.5 德国企业环境监管和评价体系实践

德国从20世纪70年代便建立了环境监测系统，对水资源、矿产、大气、土壤、垃圾处理实施监测，为制定适合的环境技术创新政策提供了丰富的数据资料。各州政府环保部门拥有各自的环境监测网络系统，追踪各类污染行为，不定期对企业排放的废水、废气实施检测，检查其是否符合环境政策标准。对于污染物排放超标的企业，政府则下发整改通知，企业如未按期完成整改，政府就取消企业的排污资格，从而迫使企业改善自身环境绩效。德国环境监督机构定期公布环境监测数据等，通过公开环境信息，实行公众、媒体和环保机构共同监督机制。

德国环境管理机构为了帮助企业更好地进行环境成本管理，于2003年编制了《企业环境成本管理指南》（以下简称《环境指南》）。德国企业定期对环保支出进行统计分析，每年有15 000多家生产企业披露环保费用的数据信息，有关部门对这些数据进行汇总加工，将企业对环保的关注程度予以量化，以便于加强环保成本管理，提高对环保成本的控制能力。德国企业环境统计数据一般被计入“有关环保重要措施的费用支出”科目中，这些费用包括利息、保险金、折旧等。德国《环境指南》指出，提高企业对外部成本的重视程度，有助于企业制定长远的投资计划，能为新技术、新设备的引进方案提供财务依据，在销售情况发生变化、原材料价格发生波动的时候，外部成本账户可对解决此类问题提供帮助。

2011年10月，受到GRI、UNGC和OECD等国际准则的影响，德国公司治理守则政府委员会首次就可持续发展议题颁布《德国可持续发展守则》（以下简称《守则》），并于2014年8月进行了修订，明确了ESG概念。《德国可持续发展守则》的出台为企业提供了通用的可持续披露框

架，以便于衡量企业可持续发展绩效。《守则》建议披露的范畴涵盖战略、过程管理、环境生态以及社会议题在内的20个标准，以帮助企业审视发展中的问题及机遇，通过持续改善，实现可持续目标，见表4－8。

表4－8　　　　企业可持续发展绩效标准

绩效类别	绩效标准	绩效类别	绩效标准
战略	战略分析和行动	环境生态	自然资源利用
	实质性		资源管理
	目标		温室气体排放
	价值链	社会议题	劳工权利
过程管理	责任		机会平等
	规定和流程		资格认定
	管控		人权
	激励制度		社区
	利益相关方参与		政治影响
	创新和产品管理		符合法律的行为

4.6　英国企业环境监管和评价体系实践

英国的“环境管理制度”BS7750作为英国标准协会的一项标准于1992年正式颁布执行，被认为是世界上第一部正式颁布实施的政府环境管理法规。BS7750对公司环境管理系统的开发、实施及维护都提出了明确要求。“环境管理”的功能包括：环境审查；政策/目标发展；生命周期评估；BS7750标准及环境审计ISO；法规遵守；环境评估；环境标志的使用；废弃物最小化；调查、发展和投资于更好的清洁技术。

英国特许注册会计师协会1997年发布“环境报告和能源报告编制指南”。为根治伦敦的烟雾，1956年，英国颁布了世界上第一部空气污染防治法——《清洁空气法》，目的是全面禁止排放超标的黑烟、设立无烟区并改造居民传统炉灶等。同年，英国还颁布了《制碱工厂法》，目的在于通过制作工艺技术控制污染物排放。随后，英国又陆续出台了《控制公害法》《烟雾污染管制法》等。1994 年，英国制定了世界上第一个可持续发展战略。2008 年，英国颁布了《气候变化法》，以法律形式来控制温室气体的排放。这些法律法规的不断颁布确保了英国生态环境的不断改善和优化。

英国通过环境绩效评估，指导工业企业使用最佳废物减量化管理方式，在不增加企业运营成本的情况下，每年可以减少工业企业大量开销，帮助企业提高环境管理合规性，减少企业违规处罚情况，确保企业达到许可经营要求。

英国环保局负责提供绩效评估相关技术指南，按行业指导企业开展自评估，评估内容包括企业对自身和对外界造成的环境影响情况，采取了哪些管理措施以消除对环境的影响，以及采取相应管理措施后达到的目标结果情况。

英国的环境关键绩效指标包括向空气排放、向水体排放、向土壤排放、资源使用等 4 大类共 22 项考核指标，见表 4－9。同时，企业还应考虑报告其供应链和产品相关方可能造成的环境影响，从而更好地落实企业主体责任，实现供应链上下游之间的相互监督，促进绿色供应链的建立。

表 4－9　　英国环境关键绩效指标

指标类别	考核指标
释放到大气	温室气体及造成光化学烟雾物质
	造成酸雨及富营养化物质
	粉尘和颗粒物
	消耗臭氧层物质
	挥发性有机化合物
	重金属

续表

指标类别	考核指标
释放到水体	造成富营养化和有机污染物
	重金属
释放到土壤	杀虫剂和化肥
	重金属
	酸和有机污染物
	废物填埋、焚烧和利用造成的污染
	放射性废物
资源利用	取水量及用水量
	天然气
	油
	金属
	煤
	矿物质
	骨料
	森林
	农业

4.7　我国企业环境监管和评价体系实践

环境绩效的概念是伴随着 20 世纪 90 年代中期 ISO14000 环境管理系列标准在我国的实施而进入国内的。葛家澍教授在《九十年代西方会计理论的一个新思潮——绿色会计理论》中首次提出了环境会计理论，打开了环境会计的研究之门。实务界对于如何构建环境绩效指标也进行了不断的探索和实验，1994 年我国发布了《中国 21 世纪议程——中国 21 世纪人口、环境与发展白皮书》，证明环境协调与发展的问题已经受到了我国政府的关注。2001 年 1 月，为了促进环境会计理论与实务的发展，中国会计学会在财政部的批准下成立了“环境会计专业委员会”。2005年，为促进公众参与和信息公开，原国家环境保护总局发布《关于加快推进企业环境行为评价工作的意见》与《企业环境行为评价技术指南》（以下简称《指南》）对企业环境行为评价的内容、指标及程序进行了详细规定，各地环保部门可据其对企业环境行为进行综合评价定级。我国还出台了《环境保护法》《环境影响评价法》《大气污染防治法》等一系列环境法律法规，但出于多方面原因，这些法律法规存在体系不完善、内容较空泛、可操作性差、执行力度不够等问题，引发我国政府和相关机关对于具体操作细则和环境信息披露的又一轮改革。2007年4月，国家环境保护总局发布第35号令，公布《环境信息公开办法（试行）》，一方面强制规定企业必须进行环境信息披露，同时也采取一些激励手段，意在鼓励企业自愿进行环境信息披露。2011年10月，国务院印发的《关于加强环境保护重点工作的意见》首次明确提出“建立企业环境行为信用评价制度”，而随后《企业环境信用评价办法（试行）》（以下简称《办法》）的出台意味着该制度正逐渐步入完善发展阶段。环境保护部、发展改革委、人民银行、银监会于2013年12月印发了《关于印发〈企业环境信用评价办法（试行）〉的通知》，该《办法》于2014年3月开始实施。2014年4月新修订通过的《中华人民共和国环境保护法》规定，将企业事业单位环境违法信息记入社会诚信档案并向社会公布，这为企业环境信用评价提供了强有力的法律支撑。《办法》在《指南》的基础上，对范围、指标、评分等方面进行了拓展与创新。

（1）评价范围。除了《指南》强制要求披露的企业外，《办法》还将属于重点污染行业（共计16类行业）的企业、对生态环境造成重大影响的企业、产能严重过剩行业内的企业、发生突发环境事件的企业、遭受环保监管处罚的企业纳入了强制评价范围内，同时也鼓励不在强制评价范围内的其他企业自愿据其开展环境信用评价。

（2）指标设定。《办法》中的评价指标体系包含污染防治、生态保护、环境管理以及社会监督四项一级指标和二十一项次级指标，该指标体系除了对《指南》中涉及的指标进行补充与完善外，还新设了有关生态保护和社会监督方面的指标。具体评价指标如表4－10所示。

表4－10　《指南》和《办法》中的企业环境行为评价指标

<table>
<tr><th>一级指标</th><th>次级指标</th><th>权重</th><th>一级指标</th><th>次级指标</th></tr>
<tr><td rowspan="4">污染防治</td><td>大气及水污染物达标排放</td><td>15%</td><td rowspan="3">污染排放</td><td>达标排放</td></tr>
<tr><td>一般固体废物处理处置</td><td>5%</td><td>屡次不达标</td></tr>
<tr><td>危险废物规范化管理</td><td>5%</td><td>总量控制</td></tr>
<tr><td>噪声污染防治</td><td>4%</td><td rowspan="9">环境管理</td><td>排污口规范化整治</td></tr>
<tr><td rowspan="3">生态保护</td><td>选址布局中的生态保护</td><td>2%</td><td>实行“三同时”和建设项目规定程序</td></tr>
<tr><td>开发建设中的生态保护</td><td>2%</td><td>环保机构、人员、制度</td></tr>
<tr><td>资源利用中的生态保护</td><td>1%</td><td>环境统计</td></tr>
<tr><td rowspan="10">环境管理</td><td>排污许可证</td><td>6%</td><td>固体废物综合利用率达80%</td></tr>
<tr><td>排污申报</td><td>2%</td><td>按期缴纳排污费</td></tr>
<tr><td>排污费缴纳</td><td>2%</td><td>按期进行排污申报</td></tr>
<tr><td>污染治理设施运行</td><td>6%</td><td>清洁生产</td></tr>
<tr><td>排污口规范化整治</td><td>3%</td><td>ISO14001认证</td></tr>
<tr><td>企业自行监测</td><td>2%</td><td rowspan="5">社会影响</td><td>行政处罚</td></tr>
<tr><td>内部环境管理情况</td><td>5%</td><td>重要环境违法行为</td></tr>
<tr><td>环境风险管理</td><td>10%</td><td>突发环境事件</td></tr>
<tr><td>强制性清洁生产审核</td><td>3%</td><td>群众投诉</td></tr>
<tr><td>行政处罚与行政命令</td><td>15%</td><td>群众多次投诉</td></tr>
<tr><td rowspan="4">社会监督</td><td>群众投诉</td><td>4%</td><td rowspan="4" colspan="2">左侧为《办法》制定的企业环境信用评价指标，右侧为《指南》制定的企业环境行为评价指标。</td></tr>
<tr><td>媒体监督</td><td>2%</td></tr>
<tr><td>信息公开</td><td>4%</td></tr>
<tr><td>自行监测信息公开</td><td>2%</td></tr>
</table>

（3）评分制度。为了便于比较与分级，《办法》对每项指标的分值赋予了不同的权重，使得每个企业最终能够获得一个百分制的综合评分，

同时一票否决制、加分制、减分制等评分方法的引入进一步加强了评分体系的科学性。评价等级共分为环保诚信企业、环保良好企业、环保警示企业和环保不良企业四个等级，只有当企业各指标均得满分且符合额外条件时，方可评为环保诚信企业。

4.8 小　　结

经济的非持续增长带来的是环境污染程度的不断加深，这已成为世界性的难题，为了解决经济发展与环境保护之间的非平衡，除了需要政府和相关部门颁布环境保护相关的法律、法规进行监管和引导外，还需要帮助企业建立完整的环境绩效评价体系，最大限度调动企业参与环境管理的积极性，促进企业的可持续发展。中共十八届三中全会审议通过的《中共中央关于全面深化改革若干重大问题的决定》提出，要加快生态文明制度建设。通过法规约束和引导，逐渐帮助企业提高环境资源管理评价指标构建的合理性和有效性。总体而言，各国企业环境监管的实践表明，评价指标应当从两个方面进行设定，一是反映环境管理的控制指标，二是反映环境治理成果的绩效指标。在 GRI《可持续性报告指南》，国际通用的环境统计框架——DPSIR［“驱动力（Driving）—压力（Pressure）—状态（State）—影响（Impact）—响应（Response）”］[①]（环境统计教材编写委员会，2016）中，相关内容均得到了较为严谨的表述。

---

① 自 20 世纪六七十年代起，不断出现的环境问题使人们开始探索环境问题与人类活动的相互关系。环保工作者为了从宏观、逻辑的角度解释任何一般环境问题的诱因、成因、影响、状态以及与人类社会的互动，需要建立一个通用理论框架模型。1979 年的国际统计学年会上，加拿大国家统计局的科学家 Rapport 和 Friend 首次提出“压力—响应”（Pressure - Response）框架，区分了环境压力（即作用在生态系统上的压力）和生态系统的状态及响应的不同。在之后经济合作与发展组织（OECD）的调整中，一是将生态系统的状态和响应进行拆分，即建立了 PSR 框架；二是响应指标只保留社会响应部分，将自然界的响应（包括自然修复等）删除。最后，OECD 在 1991 年的环境报告中第一次介绍了 PSR 框架。

环境管理指标衡量的是企业在环境管理方面付出努力的程度，主要围绕环境管理体系的构建展开。旨在帮助企业进行事前控制和事中管理，通过提高企业环境资源管理意识、增强事前资源控制，从而提高企业的环境资源管理表现。这类指标主要反映了企业对于环境治理的事前态度，以及采取的内部控制措施，这些都是企业环境资源价值的基本保障。该指标具体可划分为以下四个方面：

（1）环保意识与理念。这方面可以反映企业对于环境治理的态度，具体可用评价指标有：企业是否制定相关环境方针和目标、是否提出资源节约、绿色能源使用或温室气体减排等相关环保倡议及倡议的具体内容等。

（2）环境管理实施。这方面旨在评价企业所设环境管理体系的完整性及有效性，具体评价指标有：是否建立完整的环境管理流程、是否设有专门的治理部门或者委员会及其结构是否合理等。

（3）培训与宣传。这方面反映的是企业对内部员工及公众在环境保护方面做出的引导工作，如对员工进行环境保护教育，开展培训指导员工使用环保设备以及与当地社区合作开展以环保为主题的活动等。

（4）环境管理审核。利用相关法规和行为指引列出的污染指标和减排目标，与企业自身实际情况相对应，考察企业是否进行自行监测并公开相关信息以及环境审计细节等具体内容。

环境绩效指标指的是衡量环境治理效果的一系列可量化指标，是对企业事后环境管理结果的评价和治理，如企业资源使用量、污染排放量、生态效率等，将其与企业环境目标或历史水平相比较，可以帮助管理者识别当前管理中存在的问题，为后续发展方向的确定提供参考建议。

第5章　企业环境资源价值指数的构建

5.1　企业环境资源价值评估指标构建的基础

基于经济可持续发展的要求，我们必须认识到环境资源管理的重要性。未来研究的方向在于，运用“价值报告”和“环境资源价值指数”方法对我国新兴发展区域进行环境资源管理评估，帮助企业提高环境资源管理绩效，促进社会可持续发展。基于环境资源约束下可持续价值创造和报告的研究，针对企业价值创造中的环境资源管理绩效，形成一个体系、构建一个指标，即环境资源价值指数，对企业管理环境资源的状况或水平给予评价。通过文献分析、大样本统计，研究初步形成对企业环境业绩信息实施有效评价的“环境价值指数”方法。环境资源价值指数的构建既要考虑企业的信息披露实践，又要考虑科学环境管理体系的基本内容和要素。目前，我们已对环境评价的基本思路形成共识：我国企业可持续发展战略下的管理控制实践、环境会计核算与披露，可以为指数内容的确定提供依据；环境统计框架——DPSIR，可以为指数具体要素的界定和分类提供参考，且该分类与环境业绩的内容和结构一致，也与我国环境信息披露的现状一致。

一方面，是基于制度背景的环境资源管理逻辑研究。不论是环境社会学中的“政治经济理论”，还是环境经济学中对“行为约束集”的强

调，“企业环境资源管理内生于其所处的制度环境”均得到关注，然而，结合中国“省域竞争”“官员晋升锦标赛”等特征深入考察属地企业环境管理行为的较少，特别是结合市场专业化治理（第三方环境治理）的综合考察明显不足。另一方面，是公众参与视角的环境业绩评价方法。就环境绩效管理而言，已有的环境绩效评价内容并不系统，相关的环境财务绩效分析也仅是做了财务部分的改造。目前，多数国家依据 OECD 提出的 PRS 框架或扩展的 DPSIR 框架设计不同层次上的环境指标（环境统计教材编写委员会，2016），那么，基于多主体不同层次评价的可能性，构建系统的环境资源价值指数就变得必要且可行。

5.2　企业环境资源价值评估指标构建

各国实践表明，企业环境资源价值评估指标应当从两个方面进行设定，一是反映环境资源管理的控制指标，二是反映环境资源治理成果的绩效指标。其主要出发点在于：一方面，企业需要认识到环境保护应是纵深的，而不仅仅是企业内部横向项目之间资源的有效管理和控制。因此，政府和相关部门在制定有效的环境资源价值评估指标时，需要提高企业开源节流的意识，在材料的选购和生产所选定的生产方案伊始，就要建立良好的资源管控，并对企业之前的环境表现进行一个基准评价。为了考核企业在环境表现过程中的事前控制和事中管理，需要构建环境资源管理的控制指标，以衡量企业的事前和事中环境绩效。另一方面，企业因为自身的生产经营活动而产生相应的污染物，会对企业自身以及周边产生什么样的影响，这种影响的程度、持续时间和影响范围，以及如何有效治理，同样需要相应的指标进行考核。这些事后的经营效益和环境效益的考核可以提高企业的环境意识，相应的处罚机制也会减少企业的污染行为，自觉遵守相应的环境法规，提高整体的环境绩效。

5.2.1 企业环境资源控制指标

企业环境资源管理控制是企业环境资源的价值保障，主要包括四个维度的内容：首先是企业环境保护的意识和理念，其次是相应的制度建设或者组织结构，再次是相关的环保宣传与培训，最后是与环保相关的投资实践、环保设备运行情况以及采取的改进措施等。这些都是环境资源管理的基本控制指标，反映企业的实际控制人和高管对于环境治理的态度，以及采取的内部控制措施，是企业环境资源价值的基本保障。我们采用内容分析法，根据企业社会责任报告、环境报告、年报中披露的相关信息，对样本中上市企业的环境管理控制程度进行了初步的评估。具体评估标准如下：

（1）企业环境保护意识和理念（a）。深刻的环保意识是环保实践的基础。由于企业基本上只是定性披露这部分的信息，我们只能进行一个简单的定性评分。因此，如果披露的信息中包含“绿色发展”“环境保护”“环保风险应对”等词汇或相关描述，则该指标取1，反之取0。

（2）与环保相关的制度或者组织结构（b）。配套的环保制度体系和组织结构是意识转化为实践的第一步。由于企业内部制度建设和组织结构的信息很少公开披露，所以我们根据披露信息中企业关于环保实践的描述来判断其是否有相应的制度建设或者组织结构。因此，如果披露的信息中涉及“××环境体系或规范”“××部”“××委员会或小组”等词汇或相关描述，则该指标取1，反之取0。

（3）宣传和培训（c）。环保宣传和员工培训是企业营造绿色发展氛围、调动全员积极性和提升环境治理技能的必要措施。根据信息披露情况，如果其中涉及“提倡或倡导××”“动员员工××”“应急预案演练”“组织培训××”“学习××”等词汇或相关描述，则该指标取1，反之取0。

（4）与环保相关的投资实践、环保设备运行情况以及采取的改进措施等（d）。这是企业最重要的环境管理控制手段。信息披露中的理念可能是空喊口号，制度或组织可能形同虚设，宣传与培训可能是形式主义，但是环保投资、设备维护及改进措施的实施需要企业付出大量真金白银、人力资源和时间的投入，企业在这方面的投入能最大限度体现出环境控制的意愿和能力，而且从公开的信息来看，企业在这部分的差别是最大的。根据实际情况，我们将该部分的评分分为四个等级：如果没有相应的信息或者存在环保违规，则该指标取0；如果只是满足基本的合规要求而无进一步行动，则该指标取1；如果只是定性地阐述在环境治理实践方面的投资和措施，则该指标取2；如果有较为详细的分类或者定量阐述在环境治理实践方面的投资和措施，则该指标取3。

截至2016年12月，多个省环保部门公布了当地企业重点污染源监督性监测信息。我们手工收集并整理了2013—2016年各省企业废水和废气监督性监测数据。在此基础上，我们剔除监测数据缺失的样本企业，为统一污染物度量量纲①，剔除污染物排放单位无量纲或者不是“mg/l”的样本企业，最终得到13155个有效样本。同时，我们将公布了监测数据的企业与沪深上市企业用名称和年份进行1∶1匹配，保留匹配成功的样本企业，得到的上市公司样本为334个。针对334个上市公司样本，我们在巨潮咨询网根据公司公布的信息搜集其相关信息。下文的全部样本和上市公司样本与此处相同。

图5-1列示了334个上市公司样本环境资源价值保障各部分得分情

① 部分污染物排放浓度没有量纲，比如pH；部分污染物排放浓度单位不是mg/l，比如林格曼黑度的单位是“级”，且有部分污染物没有标准限值衡量其是否达标。

况。通过观察可发现：82.78%的样本公司具有环保意识与理念，73.06%的样本公司具有相应的制度或组织结构，但是只有46.39%的样本公司进行了环保宣传与培训。在环保相关的投资实践、环保设备运行情况以及采取的改进措施等方面，19.17%的样本公司得分为0，47.22%的样本公司得分为1，21.39%的样本公司得分为2，12.22%的样本公司得分为3。由图5－1分析不难看出，大部分样本公司具备环保意识和理念以及相应的制度和组织体系，但是一旦涉及实际行动和投资，一半以上（53.61%）的样本公司都没有进行相应的宣传与培训，66.39%的样本公司在环保投资和实践方面得分较低（0分或者1分），只有12.22%的样本公司在环保投资与实践方面表现令人满意。由此可见，我国企业在环保实际行动上还有很大的改进空间，政府应当进一步加强政策导向，构建科

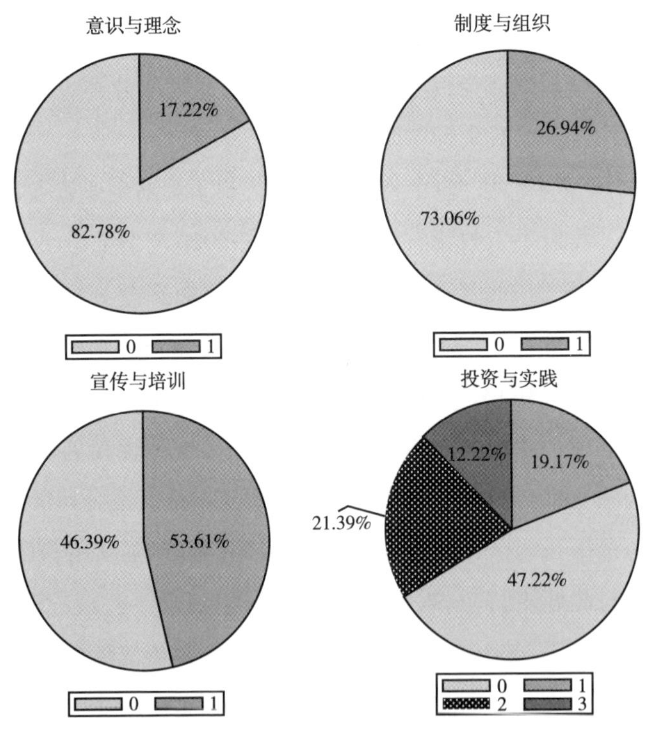

图5－1 环境资源价值保障各部分得分情况

学的评价和考核体系，让绿色发展有据可依，同时激励企业、地方政府及社会各界积极主动地探索出合适的发展模式（潘红波和饶晓琼，2018）。

图5－2反映的是2013—2016年334个样本公司环境资源价值保障得分变化趋势。由图5－2可知，企业环境管理控制各部分的评分相对较低，这在一定程度上反映出我国经济高速增长时所付出的环境污染代价。但随着我国经济实力逐步增强，科学技术加速突破，经济发展模式和经济结构在很大程度上得到优化，环境污染治理问题日益受到重视。尤其是2015年1月1日新《环境保护法》正式实施后，我国在环境污染治理实践方面的投入达到了前所未有的程度，社会各界积极参与生态文明建设。这表明，《环境保护法》可以倒逼企业重视环境保护，提高环境管控水平。从图5－2可以看出，企业环境管理控制呈现逐年增长的趋势，其中最重要的第四个部分的评分（d）增长速度最快，表明我国环境治理水平在不断提高，总体趋势有利于我国经济社会绿色健康发展。

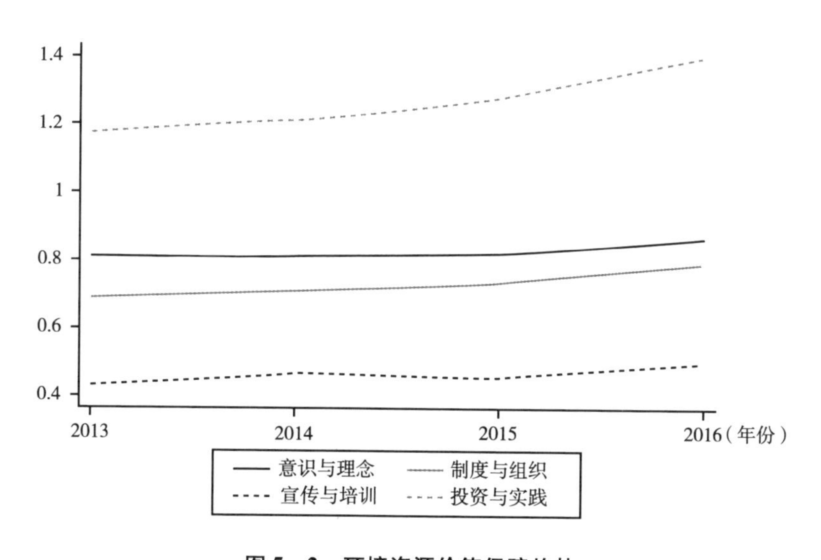

图5－2　环境资源价值保障趋势

5.2.2 企业环境资源绩效指标

环境管理绩效是企业环境治理效果的体现，是企业环境资源价值评估的结果导向性指标。其主要包括环境资源的价值体现和价值趋势，其中，价值趋势将从投入趋势和产出趋势两个角度衡量。

（1）企业环境资源的价值体现：采用企业环境资源评价因子的安全边界度量，其计算公式为：安全边界 =（标准限值 - 实测浓度）/标准限值 × 100%。表5 -1 列出了杭州钢铁股份有限公司某一监测点的相关数据。评价因子烟尘、二氧化硫和氮氧化物的安全边界分别为（50 - 3.3）/50 × 100%、（100 - 4）/100 × 100%、（400 - 16）/400 × 100%，即93%、96%和96%。这表明，杭州钢铁股份有限公司在环境资源的价值体现方面表现突出。

表5 -1 “环境表现”例子说明

企业名称	监测点名称	监测日期	监测项目名称	实测浓度	标准限值	排放单位
杭州钢铁股份有限公司	杭钢动力一热电	2014 - 1 - 21 9：00：00	烟尘	3.3	50	mg/l
			二氧化硫	4	100	mg/l
			氮氧化物	16	400	mg/l
			林格曼黑度	<1	1	级

为了更加有针对性地构建适合我国环保实践的企业环境资源价值指数，我们分析了样本企业的安全边界分布情况。从表5 -2 可知，2013—2016 年，全部监测企业的安全边界平均值分别为0.447、0.420、0.518和0.597，其中上市公司的安全边界平均值分别为0.663、0.645、0.700和0.737。这表明，2013—2016 年，我国企业环境资源价值指数呈现上升的趋势，同时上市公司的环境资源价值指数高于非上市公司。其可能的原因在于，中国企业环境监管趋于严格，而且上市公司面临更严格的环

保监督以及资本市场压力，从而在环境治理方面投入更多，创造了更高的环境资源价值。

表5－2　　污染物排放浓度安全边界的分年度描述性统计

Panel A：全部企业

年度	样本量	平均值	标准差	最小值	25%分位数	中位数	75%分位数	最大值
2013	3652	0.447	0.602	－3.242	0.369	0.616	0.780	0.959
2014	3736	0.420	0.673	－3.242	0.374	0.611	0.762	0.959
2015	3260	0.518	0.554	－3.242	0.465	0.645	0.784	0.959
2016	2507	0.597	0.480	－3.242	0.545	0.689	0.801	0.959
Total	13155	0.486	0.594	－3.242	0.442	0.638	0.781	0.959

Panel B：上市公司

年度	样本量	平均值	标准差	最小值	25%分位数	中位数	75%分位数	最大值
2013	81	0.663	0.273	－0.457	0.557	0.740	0.845	0.967
2014	90	0.645	0.296	－0.457	0.592	0.739	0.823	0.967
2015	91	0.700	0.172	0.209	0.589	0.724	0.831	0.967
2016	72	0.737	0.154	0.269	0.633	0.761	0.856	0.963
Total	334	0.684	0.236	－0.457	0.603	0.747	0.839	0.967

从图5－3和图5－4来看，全部监测企业样本和上市公司样本的污染物排放浓度安全边界的平均值及中位数基本呈逐年递增的趋势，在2015年之后上升幅度较大，这可能与新《环境保护法》的实施有关，说明《环境保护法》可以抑制企业的污染物排放，提高企业的环境绩效。另外，从图中可以看出，无论是全样本企业还是只包含上市公司样本的企业，安全边界的中位数均大于平均值，说明样本总体分布呈现左偏状态，安全边界较低的企业更多。这表明许多企业追求的是合规的安全边界，即只是满足环保合法性要求，因此政府应当采取相应的激励措施，鼓励企业积极主动地将污染物排放水平降到最低。在实践中，企业可能面临

污染治理的成本收益约束，政府补助作为一种重要的政策性补贴，对于引导企业行为具有重要意义。政府在审批补助申请时，如果能够将企业在污染治理方面的投入作为重要考虑因素之一，那么将会更大程度地激励企业主动进行污染治理。

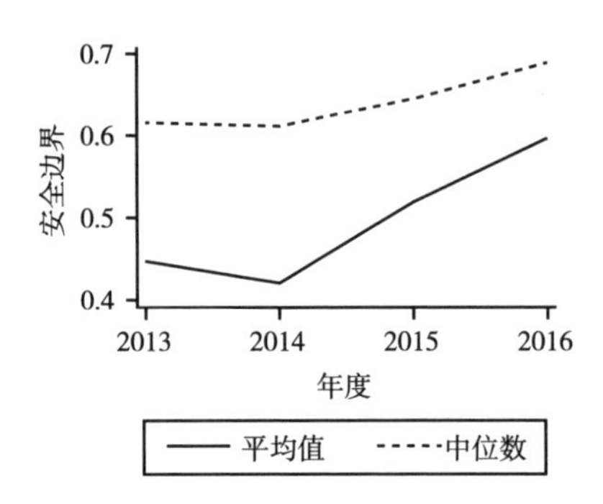

图5－3　全部监测企业安全边界趋势

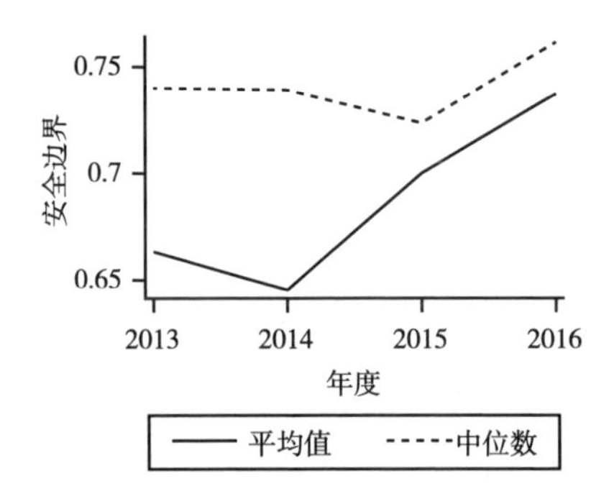

图5－4　上市公司安全边界趋势

表5－3列出了样本中各个省份[①]的安全边界描述性统计结果，可以看到，几乎所有省份的安全边界平均值和中位数均大于0，大部分省份的安全边界最小值小于0。这表明，总体而言，各个省份的大多数企业污染

① 由于本书收集的样本数据的局限性，各个省份的样本量相差较大，因此，单个省份之间可比性不高，但是可以参考所有省份的安全边界总体趋势。

物排放水平达标，但是仍然有部分企业环保不达标。从 Panel B 可以看到，相同省份上市公司样本的安全边界各个分位数及平均值均比全部企业样本的高，再一次表明上市公司的环境资源价值高于非上市企业。相比较而言，上市公司面临更多的环保监管和舆论监督，这样的结果充分体现了正式制度和非正式制度对企业环保治理的重要作用，表明在我国正式制度尚不完善的时候，媒体和社会公众的舆论作为一种重要的非正式制度起着十分关键的作用。

表 5－3　　污染物排放浓度安全边界的分省份描述性统计

Panel A：全部企业								
地区	样本量	平均值	标准差	最小值	25% 分位数	中位数	75% 分位数	最大值
北京	12	0.614	0.193	0.151	0.559	0.600	0.750	0.875
四川	920	0.565	0.505	－3.242	0.502	0.638	0.781	0.959
宁夏	241	0.522	0.609	－3.242	0.502	0.683	0.811	0.959
山东	2 099	0.406	0.515	－3.242	0.284	0.514	0.726	0.959
山西	678	0.520	0.405	－3.242	0.444	0.571	0.715	0.959
广东	6	0.675	0.307	0.0740	0.633	0.806	0.855	0.876
广西	1324	0.476	0.715	－3.242	0.503	0.653	0.777	0.959
新疆	440	0.217	0.953	－3.242	0.274	0.510	0.702	0.959
江西	802	0.510	0.596	－3.242	0.482	0.651	0.787	0.959
河北	4	0.669	0.125	0.556	0.576	0.641	0.762	0.837
河南	2	－0.120	0.509	－0.480	－0.480	－0.120	0.240	0.240
浙江	6211	0.529	0.528	－3.242	0.494	0.678	0.799	0.959
贵州	285	0.145	1.202	－3.242	0.370	0.591	0.732	0.946
黑龙江	131	0.490	0.655	－3.242	0.412	0.667	0.848	0.959
Total	13 155	0.486	0.594	－3.242	0.442	0.638	0.781	0.959
Panel B：上市公司								
地区	样本量	平均值	标准差	最小值	25% 分位数	中位数	75% 分位数	最大值
四川	26	0.722	0.163	0.391	0.653	0.752	0.846	0.928
宁夏	8	0.648	0.157	0.323	0.575	0.697	0.765	0.790

续表

Panel B：上市公司								
地区	样本量	平均值	标准差	最小值	25%分位数	中位数	75%分位数	最大值
山东	91	0.576	0.301	-0.457	0.420	0.669	0.786	0.951
山西	19	0.734	0.149	0.396	0.620	0.769	0.853	0.882
广西	10	0.795	0.122	0.603	0.723	0.846	0.875	0.946
新疆	1	0.557	0.000	0.557	0.557	0.557	0.557	0.557
江苏	4	0.787	0.0940	0.710	0.727	0.757	0.846	0.923
江西	17	0.750	0.188	0.181	0.704	0.775	0.791	0.967
浙江	151	0.723	0.209	-0.457	0.646	0.759	0.858	0.967
贵州	7	0.670	0.188	0.411	0.492	0.662	0.863	0.946
Total	334	0.684	0.236	-0.457	0.603	0.747	0.839	0.967

表5-4列出了废水和废气排放浓度安全边界的描述性统计结果，可以看到最小值均小于0，25%分位数均大于0，这表明有不到25%的企业废水和废气排放不达标。从Panel A可以看到，废水和废气的安全边界平均值分别为0.523和0.419，均大于0，表明污染物排放浓度总体而言是在达标范围内。同时可以发现，废水安全边界大于废气安全边界，这可能是由于废气排放相对于废水排放来说更不容易监测和控制。为了防止废气的进一步污染，应当严格把关废气排放。从Panel B可以看到，废水和废气的安全边界平均值分别为0.749和0.526，均大于0且大于全部企业样本的数据，再一次验证了上市公司环境资源价值比非上市企业高，为正式制度和非正式制度的重要性再一次增添了可靠证据。

表5-4　　污染物排放浓度安全边界的分类别描述性统计

Panel A：全部企业								
类别	样本量	平均值	标准差	最小值	25%分位数	中位数	75%分位数	最大值
废水	8381	0.523	0.626	-3.242	0.520	0.698	0.815	0.959
废气	4774	0.419	0.529	-3.242	0.352	0.540	0.681	0.959
Total	13155	0.486	0.594	-3.242	0.442	0.638	0.781	0.959

续表

Panel B：上市公司								
类别	样本量	平均值	标准差	最小值	25% 分位数	中位数	75% 分位数	最大值
废水	237	0. 749	0. 184	-0. 457	0. 687	0. 788	0. 861	0. 967
废气	97	0. 526	0. 272	-0. 457	0. 396	0. 594	0. 718	0. 951
Total	334	0. 684	0. 236	-0. 457	0. 603	0. 747	0. 839	0. 967

进一步，我们分析了企业环境管理控制的四个评价维度是否与企业环境资源价值体现具有紧密联系。由表 5 -5 可知，安全边界与环境管理控制的第三个维度（c）和第四个维度（d）显著正相关，与其他两个维度也是正向关系，但是相关性较弱，这也表明上市公司环保理念和制度建设等在一定程度上没有落到实处。安全边界作为企业环境绩效的量化指标，反映了环境管理控制的有效性，二者之间的相关系数和显著性体现了环境管理控制指标对于环境资源价值体现的影响程度，这将作为构造判断矩阵的参考因素之一。

表 5 -5　　环境资源价值保障与价值体现的皮尔森相关系数

	安全边界	（a）意识与理念	（b）制度与组织	（c）宣传与培训	（d）投资与实践
安全边界	1				
（a）意识与理念	0. 0383 （0. 489）	1			
（b）制度与组织	0. 0217 （0. 696）	0. 7002 *** （0. 000）	1		
（c）宣传与培训	0. 1073 * （0. 0525）	0. 3676 *** （0. 000）	0. 5250 *** （0. 000）	1	
（d）投资与实践	0. 1251 ** （0. 0237）	0. 5547 *** （0. 000）	0. 5795 *** （0. 000）	0. 5556 *** （0. 000）	1

注：括号中的数值为 p 值，*、**、*** 分别表示 10%、5% 和 1% 的显著性水平。

（2）企业环境资源的价值趋势：由于环境污染治理是一个需要长期积累的过程，只有积累到一定程度时，实施主体的环境绩效才具有明显的改善（张征宇和朱平芳，2010）。因此，我们从环境资源投入和产出两个角度来度量企业环境资源的价值趋势。在环境资源投入价值趋势方面，用新增环保投资占总投资的比例衡量，其中，新增环保投资是年报或者社会责任报告中披露的关于当年环保总投入的数据，总投资是现金流量表中购买固定资产、无形资产等发生的现金净流出；在环境资源产出价值趋势方面，用安全边界增长率衡量。

从图5－5可知，企业新增环保投资占总投资的比例逐年上升。从图5－6可知，虽然新增环保投资一直在上升，但是企业安全边界在2015年之前保持相对平稳的增长趋势，2015年之后才开始有显著上升。验证了上述分析的环境污染治理是一个需要长期积累的过程，同时表明环保投资效果具有一定的滞后性，但是最后还是会在企业环境资源价值上得以体现。因此，在构造判断矩阵时，应当考虑环境资源价值产出趋势的滞后性，以及环境资源投入趋势对于后续产出趋势的重要影响。

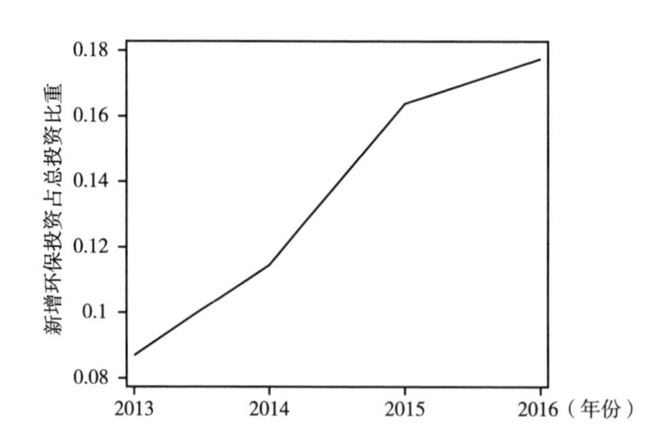

图5－5　新增环保投资占总投资比例趋势

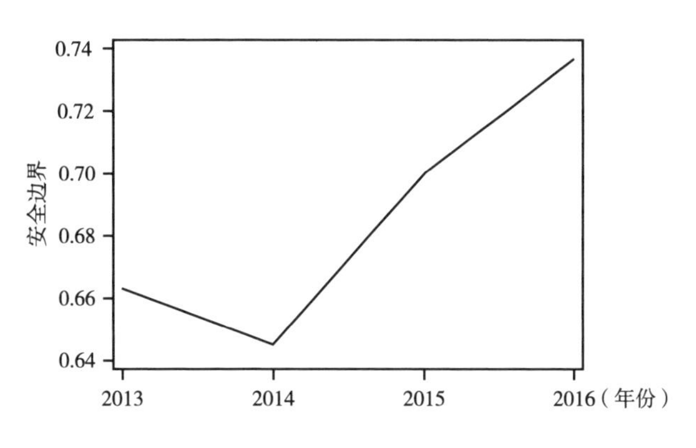

图 5－6　上市企业安全边界均值的趋势

5.2.3　综合指标——企业环境资源价值指数

根据上述描述的环境会计管理指标和环境会计绩效指标，我们可以利用层次分析法构建出一个企业环境资源价值的综合指数。不同因素相对重要性的判断依据各国企业环境监管和评价体系实践确定。首先，将企业环境资源价值分解为环境管理控制和环境管理绩效两个部分，每个部分又由不同的因素组成，形成一个多层次的递阶结构模型；然后对同一层次内各因素之间构造两两相比较的判断矩阵，并对判断矩阵进行一致性检验，据此确定出同一层次内各个指标之间的相对权重；通过一致性检验后，逐层计算确定末端层次指标对于综合指数的整体权重。

根据前文分析，具体选取的指标如表 5－6 所示。我们建立的递阶层次结构模型中，一级指标是环境资源价值指数，二级指标是环境管理控制和环境管理绩效，三级指标分别是环保意识与理念、环保制度与组织、环保宣传与培训、环保投资与实践、污染物安全边界、新增环保投资占总投资比例、安全边界增长率。

表 5-6　　环境资源价值指数指标成分

<table>
<tr><td rowspan="7">环境资源价值指数</td><td rowspan="4">环境管理控制</td><td>环保意识与理念</td></tr>
<tr><td>环保制度与组织</td></tr>
<tr><td>环保宣传与培训</td></tr>
<tr><td>环保投资与实践</td></tr>
<tr><td rowspan="3">环境管理绩效</td><td>污染物安全边界</td></tr>
<tr><td>新增环保投资占总投资比例</td></tr>
<tr><td>安全边界增长率</td></tr>
</table>

建立递阶层次结构模型后开始逐层构造判断矩阵。以二级指标环境管理控制中的四个子指标为例，通过构造两两相比较的判断矩阵，我们按照 1—9[①] 标度进行重要性程度的衡量，赋予各个子指标相应的重要性程度，然后计算出各个子指标的相对权重。环境管理控制及以下的层次所构造的判断矩阵如表 5-7 所示（其他层次的判断矩阵详见附录）。

表 5-7　　环境管理控制及下属层次所构造的判断矩阵

环境管理控制	环保意识与理念	环保制度与组织	环保宣传与培训	环保投资与实践	Wi
环保意识与理念	1	1/2	1/5	1/5	0.0705
环保制度与组织	2	1	1/3	1/4	0.1172
环保宣传与培训	5	3	1	1/3	0.2811
环保投资与实践	5	4	3	1	0.5311

判断矩阵要求 $b_{ii}=1$，$b_{ij}=1/b_{ji}$，$b_{ij}=b_{ik}/b_{jk}(i, j, k=1, 2, \cdots, n)$，同时满足上述三个条件时，说明判断矩阵具有完全一致性，但是实践中不太可能具有完全一致性，允许有一定程度的偏离。因此，对判断矩阵赋值后，需要进行一致性检验，当随机一致性比率 $CR=CI/RI<0.10$ 时，便认为判断矩阵具有可接受的一致性。其中 $CI=(\lambda_{max}-n)/(n-1)$，$\lambda_{max}$

① 1 表示同等重要，3 为稍微重要，5 表示明显重要，7 表示非常重要，9 表示极端重要，2、4、6、8 为两边的中间值。

为判断矩阵的最大特征值，n指判断矩阵的阶数，RI表示平均随机一致性指标，本书的判断矩阵阶数小于15，RI可以直接查表得到。根据上述构造的判断矩阵，利用AHP软件进行一致性检验，并计算出各个层次指标的权重。环境管理控制层次及下属指标的权重和一致性系数如表5-8所示，环境管理绩效层次及下属指标的权重和一致性系数如表5-9所示，可以看到一致性均通过检验，表明判断矩阵合理，计算出来的指标权重可以用于进行下一步分析。

表5-8　环境管理控制及对应指标的Wi和CR

准则层	Wi	指标层	Wi	CR
环境管理控制	0.2500	环保意识与理念	0.0705	0.0505 <0.10
		环保制度与组织	0.1172	
		环保宣传与培训	0.2811	
		环保投资与实践	0.5311	

表5-9　环境管理绩效及对应指标的Wi和CR

准则层	Wi	指标层	Wi	CR
环境管理绩效	0.7500	污染物安全边界	0.6738	0.0825 <0.10
		安全边界增长率	0.1007	
		新增环保投资占总投资比例	0.2255	

综合以上分析与计算，最终计算出环境资源价值指数各部分权重，污染物安全边界权重高达50.54%，新增环保投资占总投资比重的权重为16.92%，环保投资与实践权重为13.28%。权重最高的三个指标既包含了环境资源投入性指标，也包含结果性指标，说明本章构建的环境资源价值指数是一个贡献与付出相结合、动机与效果相结合的综合指数，避免了单方面的指标对最终评价结果的影响。

本章旨在构建一个简单易行且能够客观评价企业环境资源价值的指数，该指数期望达到以下几个目标：一是该指数能够使企业环境资源价值得以量化，成为利益相关者决策时的可靠依据；二是在量化指标的考核下，企业能够履行环境保护责任，合理利用环境资源，探索绿色可持续发展模式；三是政府以该指数为依据，合理给予相应的政策性补贴或者进行处罚，监督企业环境治理行为，推动生态文明建设。由于我国尚未建立通用的环境资源价值评价体系，本章在探索构建该指标体系的过程中可能存在一定缺陷，还需要根据实践情况对该指标体系进行相应的调整。表5－10反映了环境资源价值指数指标体系的具体内容及对应权重。表5－10的结果表明，相对于环境管理控制指标，环境管理绩效指标更为重要，其原因在于环境管理绩效指标更为客观和相关。在环境管理绩效指标中，污染物安全边界最为重要，该指标反映了企业污染源的实测浓度是否在政府规定的标准限值范围内，以及距离的远近。

表5－10　　环境资源价值指数指标体系及权重

一级指标	二级指标	权重
环境管理控制25%	环保意识与理念	1.76%
	环保制度与组织	2.93%
	环保宣传与培训	7.03%
	环保投资与实践	13.28%
环境管理绩效75%	污染物安全边界	50.54%
	新增环保投资占总投资比例	16.92%
	安全边界增长率	7.55%

根据指标体系的具体内容和权重，本章将各个层次的指标及其子指标按平均权重构建出企业环境资源价值平均指数（Score1）以及利用层次分析法构建的加权环境资源价值指数（Score2）。表5－11反映了两个指数的描述性统计。表5－11的描述性结果显示，样本公司环境资源价值指数的均值为0.644（0.663），标准差为0.282（0.254），这表明，样本公司环境资源价值之间存在较大的差异。同时，样本公司环境资源价值指数的最小值为－0.168（－0.184），这表明，部分样本公司环境资源价值

不达标，通过环境资源价值指数的二级指标构成，本书发现其主要原因在于一些样本公司的污染物安全边界为负，即其污染源的实际排放浓度超过了政府监管部分规定的标准限值。

表 5-11　　　环境资源价值指数描述性统计

variable	N	mean	sd	min	p25	p50	p75	max
Score1	250	0. 644	0. 282	-0. 168	0. 467	0. 666	0. 856	1. 334
Score2	250	0. 663	0. 254	-0. 184	0. 527	0. 647	0. 809	1. 515

第6章　政府监管对企业环境资源价值的影响研究

为了有效解决经济社会快速发展和低效的企业环境绩效之间的关系，需要国家及地方政府加以积极引导和管制。改革开放以来，特别是21世纪以来，随着我国市场经济体系的逐步建立，在市场化的大背景下，政府面临着从全能型向服务型的职能转变，企业面临着产业优化升级重组，提高环境资源管理绩效的任务。面对环境保护和经济可持续发展这一重大课题，需要政府和企业共同做出努力。其中，政府为了有效地规范企业环境投资和污染行为，颁布了一系列行政法规和指导意见，旨在帮助企业提高环境资源管理绩效，提高社会整体环境资源管理表现。

政府监管对企业环境资源价值的有效提高是具有积极作用的，这主要是因为：第一，政府作为国家权力机关的执行机关，是社会管理的主体，有权利有义务承担起保护自然环境、提高企业环境保护意识的责任；第二，政府有对自然环境进行保护的能力，而且政府能够充分地调动社会资源，引导个人和企业进行环境保护；第三，政府掌握着国家机器，可以充分发挥引导和带头作用，进行公民意识教育，营造全社会进行环境治理的氛围，同时企业对环境的治理也需要政府的政策扶持，针对环境治理，政府可以通过制定相关政策法规来增强对企业行为的约束；第四，只有利用政府才能实现环境保护的科学化和统筹化，最终达

到环境与经济的可持续发展。因此，政府在调节社会资源、制定环境保护法令、约束企业环境资源管理中发挥着不可替代的作用。企业需要在政府的有效指引下，不断完善自身的环境资源管理和环境信息披露体系，提高企业自身环境资源管理绩效，促进社会向资源友好型不断前进。

6.1　政府监管对企业环境资源价值的影响研究

环境问题已成为制约经济社会健康发展的重要因素，探寻如何有效地治理环境污染，提高地区和企业环境绩效，是需要全社会共同解决的问题。企业经营过程中产生的废气、废水等产生的危害主要由企业以外的个人或者其他企业承担，即排污存在外部性问题。此时，政府应该以监管者的身份出台相关的法律法规，要求排污企业根据其给社会带来的损失缴纳一定的税金或者罚款，同时给予环境投资水平高的企业政府补贴。Rockness 等（1985）认为，CEP 等级会对企业环境表现产生影响，环境表现较差的企业将会更倾向披露环境信息。Di Maggio 和 Powell（1983）发现强制性制度压力是以政府等部门法律法规和政策标准，以及监督承诺和奖惩行为来强制性约束企业环境污染行为的。Villiers 等（2014）发现管制者等利益相关者所施加的强制性压力越大，企业更倾向披露更多的可持续发展信息。王建明（2008）的研究以我国环境方面的法律法规数量为变量，结果表明，环境监管制度对企业环境信息披露状况有积极的影响。聂金玲和雷玲（2015）认为，政府环境管控强度与企业环境信息披露之间存在“U”形的关系，而我国对重污染行业的环境管控强度则处于“U”形上升阶段的较高水平。由于企业利益和社会利益的差异，企业污染排放存在负的外部性，单纯的市场配置资源会导致市场失灵，此时应该通过政府限额、征税或者补贴来解决该外部性问题。在政府监管下，企业进行环境信息披露时会严格遵守法律法规、政策规范，提高环境信息披露的水平，避免可能发生的行政处罚以及诉讼风险等情况，进而提高企业的环境合法性，约束企业污染行为。

根据该理论，中国政府在环境保护方面做了不少努力。1989 年颁布的《中华人民共和国环境保护法》是我国第一部有关环境问题的法律，明确了环境保护的对象与任务，并对环境监管体制、保护原则、防治要求及法律责任做出了相应规定。随后，《中华人民共和国环境噪声污染防治法》《中华人民共和国清洁生产促进法》《中华人民共和国水污染防治法》等一系列有关环境的法律法规纷纷出台。近年来，环保部等部门相应制定了《进一步推进排污权有偿使用和交易试点工作的指导意见》《碳排放权交易管理暂行办法》、新修订的《中华人民共和国环境保护法》等法律法规。通过一系列的政策法规和指导意见，我国政府以及监管部门不断完善环境保护的实施细则和激励手段，其中，2014 年通过、2015 年正式启用的《中华人民共和国环境保护法修订案》（以下简称“环保法”）以及从 2006 年开始试点的《指南》对提高公众环境意识、增强企业环境资源管理绩效发挥了重要作用。相比较而言，1989 年颁布的《环境保护法》重点关注环境监督管理、环境质量标准和污染排放标准的制度、排放许可证制度和诉讼时效四个方面，其中的各项标准和制度已经明显不符合当前的发展要求（孙佑海，2013；潘红波和饶晓琼，2018），而 2015 年实施的《环境保护法》更加符合当前经济社会的发展要求。“环保法”强调了企业污染防治的责任，对环境违法行为的法律制裁加大了力度，还就政府、企业公开环境信息与公众参与、监督环境保护提出了详细要求，法律条文从 6 章 47 条增加到 7 章 70 条，增强了法律的可操作性和可执行性，为企业遵从法律规定，严格执行环境保护职责提供了法律依据和监督惩戒机制。

新修订的“环保法”第一条是“保障公众健康”，要求建立环境与健康检测费、开展环境质量对公众健康影响的研究，在体现立法以人为本的理念的同时，也体现了国家对于环境保护的前置性和预防性，对企业而言，对于环境资源管理的前瞻性和事前控制显得尤为重要。此外，“环保法”第五章“信息公开和公众参与”明确公民依法享有获取环境信息、参与和监督环境保护的权利。过去，公众对环境信息的获取困难重重，公众参与的途径少、门槛高。

新修订的“环保法”规定，重点排污单位应当如实向社会公开其主要污染物的名称、排放方式、排放浓度和总量、超标排放情况，以及防止污染设施的建设和运行情况，接受社会监督。新法还扩大了环境公益诉讼的主题，凡是依法在设区的市级以上人民政府民政部门登记，专门从事环境保护公益活动连续 5 年以上且信誉良好的社会组织，都能向人民法院提起诉讼。新法除了明确政府的保护监督管理职责外，还规定了社会监督，包括公益诉讼、公众参与、民主监督、舆论监督、法律监督等方式，集中全社会之力，共同保护环境，提高社会整体环境绩效。为进一步提高企业的环保意识，鼓励社会大众参与到环境保护的过程中，为监督环境保护工作提供了法律保障和激励，也为企业环境资源管理信息强制性信息披露提供了法律依据，提高了对企业环境资源管理表现的监督，有利于促进企业环境绩效的提高。

新修订的“环保法”还建立了环境污染监测预警机制，组织制定预警方案，环境受到污染，可能影响公众健康和环境安全时，依法及时公布预警信息，启动应急措施，减缓污染危险。建立“黑名单”制度，将环境违法信息记入社会诚信档案，并将向社会公布违法者名单。同时还针对违法排污设备，规定了可以查封、扣押，这些措施有利于制止违法行为。对那些环境违法的企业，可以采取综合性调控手段，国土部门、经信部门、商务部门联合采取行动，监管手段和措施更加强硬，既有利于企业守法经营，也有利于开展绿色生产和清洁生产，提高全民环境资源管理绩效。

而《指南》则要求环保部门根据企业环境信息，从2006年起选择部分地区开展试点工作，有条件的地区要全面推行企业环境行为评价；到2010年前全面推行企业环境行为评价，并纳入社会信用体系建设。该指南按照一定的指标和程序，对企业环境行为进行评价，综合定级，评价结果通常分为很好、好、一般、差和很差，为方便公众了解和辨识，以绿色、蓝色、黄色、红色和黑色进行标识，并向社会公众进行公开披露。这一行为指标的认定以直观明了的形式向社会公开企业的环境管理表现，使企业公开环境信息，接受社会监督，有利于提高企业的环境守法和社会责任意识，有利于保障人民群众的环境权益，化解污染问题所引发的环境纠纷，对促进有关环保部门改进工作方式，提高环境管理的水平，具有十分重要的意义。

关于开展企业环境行为评价，指南要求坚持四个基本原则：第一，统筹规划，扎实推进，即要求政府及相关部门提高认识，明确职责，制订工作计划，做好宣传动员、机构建设、人员培训、部门协调等各项基础工作，有步骤地推进企业环境行为评价；第二，因地制宜，突出重点，即结合本地区实际情况，把对当地经济社会和环境影响大、社会普遍关注的企业作为环境行为评价的重点对象，采取切实可行的评价方式，确保评价工作的积极效果；第三，程序严密，公正透明，即认真制定企业环境行为评价工作程序并严格执行，力求评价过程公开、评价方法科学、评价结果公正；第四，动态管理，持续改进，即及时跟踪企业和社会各界对评价情况的反应，不断改进工作，建立配套的奖惩措施，促进环保部门提高评价工作水平，引导企业不断改善环境行为。这些基本原则坚持因地制宜，根据每个地区、每家企业的规模和特色进行环境管理，最大限度制定符合企业能力范围内的环境评价指标，激励企业为达标而付

出更行之有效的努力。

企业环境行为评价指标体系主要由三部分构成：

第一，污染排放指标。主要从大气、地表水、固体废物和厂界噪声这四个环境要素来考核企业污染行为，并针对各个要素，分别从浓度排放和总量排放进行分析和评价。

第二，环境管理指标。主要从企业内部的环境管理角度来评判企业的环境行为，其内容主要包括落实环境管理基本要求、清洁生产审核和环境管理体系认证情况。其中，环境管理基本要求包括六个方面：按期缴纳排污费；按期进行排污申报；按期、如实填报环境统计资源；排污口的规范化管理；建设项目符合规定程序和实行“三同时”；落实企业环保人员、环保机构及环保管理制度情况。

第三，社会影响指标。主要从社会影响来考察企业环境行为，包括公众的投诉情况、突发环境事件（一般环境事件、较大环境事件、重大环境事件和特别重大环境事件）、环境违法及行政处罚情况。

以上三部分具体由 17 项细分指标组成，涵盖企业污染排放量管理、总量控制、违规次数、处罚力度、对环保政策的执行程度以及主动披露环境信息的程度，最大限度地向社会公众全方位展示企业的环境资源管理表现。同时，考虑到我国经济发展不均衡，东、中、西部经济发展水平和环保工作基础差异较大，因此针对不同地区、不同发展程度以及环境保护成效不同的企业，会有相应最适合的指标选择进行行为评价，这样可以最大化激励企业提高环境绩效，产生良好的管理效果。政府通过制定法律法规、行动指南等方式对企业的环境绩效进行监管，可以有效地提高企业自觉披露环境信息的积极性，约束企业环境污染行为，优化企业环境资源管理绩效。

另外，在我国转型经济条件下，法律的执行效率较低，同时存在隐性经济，这可能导致《环境保护法》无法发挥作用（潘红波和饶晓琼，

2018）。我国环境质量的监督和管理实行的是区域责任制，因此地方政府在维持和不断推进对区域环境质量的提高过程中起着不可或缺的作用（张凌云和齐晔，2010）。当政府环境责任意识缺失或这种责任意识较弱时，会导致政策产生外溢效应，加剧生态环境的恶化。由于地方法院和环保部门的人事和经费来源受到当地政府的影响较大，当地方政府存在经济考核压力时，会削弱地方法院或环保部门执行《环境保护法》的意愿，从而对排污企业的监管有所放松，最终导致《环境保护法》有效执行效力降低（Wang and Jin，2007）。同时，许多研究表明，在发展中国家，由于普遍存在较大规模的隐性经济，会对环境保护相关政策效果产生削弱效应，最终导致环境污染加重（Baksi and Bose，2010）。余长林和高宏建（2015）研究发现，当政府将对企业所实施的环境管制强度提高 1% 时，可以帮助市场中的隐性经济规模相应提高 4.3%—10.9%；环境管制一方面通过减少官方经济活动降低环境污染，另一方面通过扩大隐性经济规模提高环境污染，净效应取决于隐性经济的规模大小（潘红波和饶晓琼，2018）；由于市场中存在隐性经济价值和成本的问题，我国当前所实施的环境政策总体上并不能够保证环境保护最终目标的达成，同样不利于环境保护工作。这种隐性经济还可能会受到当地法律环境和政策执行效率的影响，在法律较不完善、政策执行效率低的区域，隐性经济可能更为普遍。另外，李斌等（2013）通过研究发现，环境规制存在门槛效应：由于环境治理投资的成本约束，环境规制力度达到一定程度时会加重企业负担，降低绿色全要素生产率水平，甚至引发寻租行为，从而加重环境污染。基于以上讨论，本章提出如下对立假设：

H1a：政府监管对企业环境绩效有正面的调控作用。

H1b：政府监管对企业环境绩效有负面的调控作用。

6.2　政府监管对区域环境资源价值的影响研究

环境是影响经济发展的重要因素，一国经济发展的水平和实力，也影响着环境的改善。经济发展的基本依托是资源环境，而特定的区域又是资源环境的依托。因此，经济发展的模式必须适应特定区域资源环境的具体情况，否则，资源环境问题将成为制约经济发展的重要因素。明确资源环境问题对经济发展的影响及内在联系，将有助于我们更好地协调环境问题、资源问题、区域经济与经济发展模式的内在矛盾，是解决中国区域经济发展问题的重要途径。在这一过程中，政府承担了极其重要的角色——管理者和监管者。因为只有政府才有能力调动地方资源的有效配置，对区域经济发展和环境管理进行统筹协调和治理。政府监管作为最重要的管理手段，是促进区域环境资源管理绩效必不可少的手段。

经济发展关乎人类生活水平的高低，而生态环境的保护却关乎人类能否生存发展。经济社会发展的必要物质条件是资源环境，资源环境决定了经济社会发展的规模、速度、可能性以及可持续性。我国作为转型经济的国家，人口基数大、人均资源占有量远低于世界平均水平、人地矛盾异常尖锐。在我国转型经济条件下，企业所处的经营环境存在法律监管不力、政策执行效率较低等问题，同时存在隐性经济，这可能导致"环保法"无法发挥作用（潘红波和饶晓琼，2018）。这种隐性经济可能受当地法律执行效率的影响，在法律执行效率低的区域，隐性经济可能更为普遍。自然资源的缺乏、环境污染严重是目前面临的严重的问题，实现城市化和工业化、建设可持续发展的和谐社会道阻且长。

中国经济的发展特征最显著的就是区域经济发展水平不平衡，各地资源环境状况同样存在较大的差异。因此，我们必须明确中国各地区区域资源环境管理的实际状况，同时也要明白与其相对应的经济发展模式之间的关系，才能因地制宜、最大效能地动员企业的环境资源管理表现，提高区域整体环境资源管理绩效。自然禀赋的差异导致了区域资源环境状况的差异，主要体现为资源品质、资源储量、资源开采难度及成本等方面的差异，从而导致在对经济发展模式的选取与定位上各个不同自然系统区域间存在比较优势，该区域经济发展模式上的选取取决于这种比较优势。因此，各区域经济发展的模式选择依赖于该区域的环境特征差异，区域环境的差异主要表现在环境的自净能力以及环境对污染的承载力等方面。

我国现阶段资源环境状况对区域经济发展有着很大的影响，同时，我国目前由于经济高速发展，对资源需求急剧增加，尤其是关乎我国经济长远发展的战略性资源的匮乏与短缺，对环境产生了巨大压力。在中国当前经济增长方式仍不成熟状况下，依然处于粗放式的发展模式，这导致资源环境问题是一个亟待解决的问题。在这一过程中，在市场化经济背景下，政府为达到预先制定的某些公共政策目标，将政府监管作为重要的管理手段，对各类经济主体进行了一系列制约与规范活动。当污染问题发生时，出于对自身利益的考虑，企业可能并不会主动实施环境保护的政策，此时就需要政府制定有效的政策，对环境保护进行监管。而对于区域经济整体的调控和统筹，也只有政府可以做到对各个区域因地制宜，按照各个区域的特征和发展现状进行有计划、有目的的监管，实现区域协调发展。

我国政府监管充分考虑到了区域间经济与环境管理程度的显著差异，在制定相关环境保护法规和指导意见时，就提出了按照区域发展程度进行优化和发展。这也体现了我国环境资源管理的统筹性和协调性。例如“指南”中提到的明细指标，就通过不同的指标将各地区的环境资源管理表现标准化，方便与当地过去的环境管理表现作纵向对比，同时也满足全国范围内进行横向对比，即与其他地区相比，该区域在过去的环境资源管理投入是否达标。这样做的目的是更加公平公正地对待区域差异，同时又能充分激励当地企业可比性竞争，提高环境资源管理的积极性。因此，考虑到区域发展程度上的差异，在一些发展落后的区域，官员晋升更多地依赖经济绩效，环境绩效往往更容易被忽视（罗党论和赖再洪，2016；Zheng and Kahn，2017）。相反，在经济发达的区域，地方官员晋升对经济绩效的依赖较小，反而受到更为严格的环境问题监督，此时环境绩效与地方官员晋升正相关（罗党论和赖再洪，2016；Kahn and Zheng，2016）。根据以上讨论，本章提出以下假设：

H2：政府监管在经济发达的区域实施效果更好。

6.3　研究设计

6.3.1　样本选择与数据来源

截至 2016 年 12 月，多个省环保部门公布了当地企业重点污染源监督性监测信息。我们手工收集并整理了 2013—2016 年各省企业废水和废气监督性监测数据。在此基础上，对样本进行了如下处理：（1）剔除监测数据缺失的样本企业，为统一污染物度量量纲，剔除污染物排放单位无量纲或者不是“mg/l”的样本企业；（2）将公布了监测数据的企业与沪深上市公司用名称和年份进行 1∶1 匹配，保留匹配成功的样本企业；（3）剔除研究样本中某些变量数据缺失的样本。经过以上处理，最终得到 327 个有效样本。

本部分使用的数据来源于以下几个方面：（1）企业的污染排放初始数据来自所在省份环境保护厅网站公开的重点污染源监督性监测信息，均由笔者手工收集和整理；（2）企业特征数据来自 CSMAR 数据库；（3）各省市场化分指数来自王小鲁等（2017）构建的市场化指标体系；（4）其他省份层面的特征数据来自《中国统计年鉴》。

6.3.2 变量定义与模型构建

（1）被解释变量——企业环境绩效（Ymedsm）。现有文献主要通过企业缴纳的排污费用（张艳磊等，2015）、环保资本支出（黎文靖、路晓燕，2015；胡珺等，2017）以及自主构建的综合指标体系（沈洪涛等，2014）等方式进行环境绩效的度量。但是，这些度量可能存在如下缺陷：排污费用指标不能区分企业是否达标，以及达标企业间具体程度的差异；环保资本支出是投入性指标，用来衡量环境绩效可能存在一定的问题；自主构建综合指标体系的方式可能存在数据来源不够统一、主观赋值缺乏客观标准等问题。因此，参照上文对环境资源管理表现的衡量，我们以环保部门官方公布的污染物实际排放浓度和标准限值为基础，构建指标来衡量企业的环境绩效，数据来源相对更可靠，度量方式更加直接和准确，计算得到的指标具有可比性，克服了现有度量指标可能存在的问题。具体而言，本章采用企业废水和废气排放的“安全边界”来度量企业的环境绩效。其中“安全边界 =（标准限值 - 实测浓度）/标准限值”。相比于前文针对评价企业环境资源管理控制和绩效的综合指标 score1 和 score2，安全边界（Ymedsm）更侧重企业实际绩效与政府规定值之间的差距，以此衡量企业对政策监管的反应和表现，更能体现企业环境绩效的结果，因此，这里在衡量政府监管对于企业环境绩效的影响时，选择安全边界作为被解释变量。

（2）模型与其他变量。根据前文的分析，我们构建如下模型检验假设 H1：

$$Ymedsm_{i,t} = \beta_0 + \beta_1 Post_{i,t} + \beta_2 LnGDP_{i,t-1} + \beta_3 Size_{i,t-1} + \beta_4 Lev_{i,t-1}$$

$$+\beta_5 ROA_{i,t-1}+\beta_6 Cash_{i,t-1}+\beta_7 OC_{i,t-1}+\beta_8 Turnover_{i,t-1}+\beta_9 Fees_{i,t-1}+Ind\_FE+\varepsilon_{i,t} \quad (1)$$

在模型（1）中，Ymedsm是被解释变量，为上文中定义的“安全边界”，表示企业的环境绩效。Post是时间虚拟变量，定义“环保法”实行当年及以后为1，否则为0。其他变量均为控制变量。根据已有相关研究（胡珺等，2017），本章重点考虑了企业层面、行业层面及区域层面三个层次的控制变量。在企业层面，控制变量主要有，企业规模（Size）、财务杠杆（Lev）、净资产收益率（ROA）、现金持有水平（Cash）、股权集中度（OC）、周转率（Turnover）、管理费用率（Fees）。在行业层面，将行业（Industry）分成重污染行业和非重污染行业，并进行控制。在区域层面，控制变量主要是地区生产总值的自然对数（LnGDP）。

为了检验假设H2，我们在模型（1）的基础上增加了制度环境特征变量，以及《环境保护法》实施虚拟变量（Post）与制度环境特征虚拟变量的交叉项。制度环境特征虚拟变量Demployment表示经济发展程度，用区域GDP衡量，该指标越大，表明经济发展水平越好。按照2014年（环保法实施前一年）的值进行中位数分组，大于中位数的值取1，反之为0。模型中i和t分别表示企业和年份，ε表示残差，控制行业固定效应，并对标准误进行企业层面的聚类调整。为了避免潜在内生性问题，所有控制变量均滞后一期。为了排除异常值的影响，本章对所有连续型变量进行了1%和99%分位数的Winsorize处理。

6.4　实证结果

6.4.1　描述性统计

表6-1报告了企业环境绩效Ymedsm的分年度描述性统计结果。

表6－1的统计结果显示，2013年和2014年企业环境绩效的最小值均为－0.094，表明有部分企业污染物排放超标；而2015年和2016年企业环境绩效的最小值均大于0，说明《环境保护法》实施后样本企业污染物排放均达标。这初步表明，《环境保护法》对遏制企业污染物排放超标具有抑制作用，这与本章研究假设H1a的预期一致。

表6－1　企业环境绩效Ymedsm的描述性统计

年份	观测值	平均值	方差	最小值	中位数	最大值
2013	81	0.735	0.249	－0.094	0.809	0.991
2014	90	0.737	0.232	－0.094	0.816	0.991
2015	91	0.763	0.191	0.248	0.818	0.991
2016	72	0.792	0.194	0.224	0.843	0.991
Total	334	0.756	0.218	－0.094	0.824	0.991

6.4.2　《环境保护法》与企业环境绩效

表6－2列示了《环境保护法》对企业环境绩效影响的检验结果。第（1）列的检验结果显示，在不控制其他变量时，Post的回归系数为0.040，在10%的统计水平上显著。同时，《环境保护法》对企业环境绩效影响在经济上也较为明显。平均而言，在不考虑其他控制变量的影响时，与《环境保护法》实施前相比较，企业排污的安全边界提高了0.040。该检验结果表明，《环境保护法》有助于抑制企业的污染物排放水平，初步验证了研究假设H1a。在第（2）列和第（3）列中，我们加入了其他的控制变量。在控制其他变量后，与单变量的检验结果一致，Post的回归系数分别为0.075和0.069，同时也具有较强的经济显著性。这表明，《环境保护法》可以抑制企业的污染物排放，提高企业的环境绩效，这进一步支持了研究假设H1a。

表 6-2 《环境保护法》对企业环境绩效影响的检验结果

	Ymedsm		
	(1)	(2)	(3)
Post	0.040* (0.090)	0.075** (0.037)	0.069* (0.054)
Size		-0.009 (0.450)	-0.006 (0.646)
Lev		-0.007 (0.927)	0.035 (0.633)
ROA		-0.182 (0.357)	-0.204 (0.325)
Cash		0.206 (0.113)	0.109 (0.426)
OC		-0.093 (0.422)	-0.070 (0.552)
Turnover		0.199*** (0.000)	0.192*** (0.000)
Fees		1.291*** (0.000)	1.363*** (0.000)
LnGDP		-0.039* (0.060)	-0.038* (0.063)
_cons	0.736*** (0.000)	1.100*** (0.002)	1.059*** (0.003)
N	334	331	331
ind	No	No	Yes
Year	No	Yes	Yes
r^2_a	0.006	0.087	0.108

注：括号中的数值为 p 值，*、**、*** 分别表示 10%、5% 和 1% 的显著性水平。

6.4.3 《环境保护法》、制度环境与企业环境绩效——基于区域经济的检验

下面检验《环境保护法》的环境改善效应是否受到区域经济发展程度的影响。表6-3列示了相应的检验结果。第（1）列和第（2）列的检验结果显示，交乘项 Post × Demployment 的系数均在5%的统计水平上显著。这表明，《环境保护法》的环境改善效应在区域经济发展程度水平高的区域更强。这些检验结果与假设 H2 的预期一致。

表6-3　《环境保护法》、地区发展与环境绩效的检验结果

	Ymedsm	
	(1)	(2)
Post	0.012 (0.785)	0.005 (0.909)
Demployment	-0.092* (0.071)	-0.090* (0.074)
Post × Demployment	0.135** (0.021)	0.136** (0.017)
Size	-0.006 (0.615)	-0.003 (0.830)
Lev	0.014 (0.839)	0.056 (0.428)
ROA	-0.235 (0.242)	-0.257 (0.223)
Cash	0.234* (0.087)	0.139 (0.333)
OC	-0.096 (0.400)	-0.072 (0.530)

续表

	Ymedsm	
	(1)	(2)
Turnover	0.181*** (0.000)	0.174*** (0.000)
Fees	1.100*** (0.000)	1.177*** (0.000)
LnGDP	-0.031 (0.223)	-0.031 (0.203)
_cons	0.989** (0.010)	0.960** (0.010)
N	331	331
ind	No	Yes
Year	Yes	Yes
r^2_a	0.101	0.122

注：括号中的数值为 p 值，*、**、*** 分别表示 10%、5% 和 1% 的显著性水平。

6.5　结论与意义

本章基于微观企业的污染物排放浓度控制情况及其所在区域的经济发展程度，检验了政府监管的调控效果。结果发现：《环境保护法》能促进企业改善环境绩效，而且在区域经济发展水平更高时，这种正向调控效应更强，该结论具有重要的政策意义。国家在转型过程中要面临的一个问题是，如何权衡环境保护与经济增长的关系。我国长期以来的地方官员“晋升锦标赛”使政府官员忽略了环保因素，导致环境污染问题日益严峻，将环境质量纳入地方官员的考核指标体系是减少地方官员配置扭曲的一种思路（周黎安，2007）。我国已于 2004 年 3 月启动了绿色

GDP 核算项目，但是，绿色 GDP 的计算及其在干部绩效考核中的应用还存在很多问题（齐晔和张凌云，2007）。本章研究发现，经济发达区域更能够主动执行环保政策，表明当经济发展与环保存在矛盾时，经济发达的区域倾向于选择环保，说明绿色 GDP 考核制度已经起到了一定作用（Kahn and Zheng，2016）。2016 年，全国人大审议通过《中华人民共和国国民经济和社会发展第十三个五年规划纲要》，将绿色发展确立为引领未来五年我国经济社会发展的五大发展理念之一。然而，各地陆续发生的污染事件让我们意识到，我国的环保事业依然任重道远，要想建设美丽中国，政府需进一步加强政策导向，将发展理念与绿色 GDP 考核制度相结合。科学的评价和考核体系会让绿色发展有据可依，激励政府、企业及社会各界积极主动地探索出合适的发展模式，因此，进一步落实绿色 GDP 项目对于我国可持续发展意义重大。

第7章　企业环境资源价值的经济后果及其影响路径分析

根据前文得出的综合评价指数，各个层次的指标及其子指标按平均权重构建出企业环境资源价值平均指数（Score1），利用层次分析法构建的为加权指数（Score2）。本章在上述企业环境资源价值指数的基础上，进一步分析企业环境资源价值给企业带来的经济后果。为了剔除异常值的影响，本章对所有连续变量均做了上下1%分位数的缩尾处理。

本章主要研究环境资源价值的经济绩效、经营成本、政府补助、经营效率、企业融资、企业创新等，选取了相应的衡量指标作为被解释变量。解释变量为企业环境资源价值指数，即平均权重下的综合指数Score1和层级分析法下的加权指数Score2。控制变量选取了企业层面特征和区域市场特征，具体选取标准见表7－1。

本章使用的数据源于以下几个方面：（1）环境资源价值的经济后果指标通过CSMAR数据库整理和计算而来；（2）企业环境资源价值指数的污染排放初始数据来自所在省份环境保护厅网站公开的重点污染源监督性监测信息，以及上市公司公开的信息，均由笔者手工收集和整理；（3）公司财务特征、治理特征变量及各省市场化分指数来自CSMAR数据库和王小鲁等（2017）构建的市场化指标体系。

表7-1　　　　变量定义

变量类型		变量名称	变量代码	变量含义及说明
被解释变量	环境资源价值的经济后果指标	经济绩效	营业收入增长率	(营业收入本期金额-营业收入上年同期金额)/营业收入上年同期金额
			资产收益率	净利润/平均资产总额
			市场回报率	考虑现金红利再投资的年个股回报率
			风险承担	盈利波动性，σ(ROA)
		经营成本	营业成本率	营业成本/营业收入
		政府补助	政府补助金额	当年政府补助金额总和加1取自然对数
		经营效率	总资产周转率	营业收入除以平均资产总额
		企业融资	融资成本	(利息支出+手续费+其他财务费用)/(短期借款+长期借款+一年内到期的非流动负债+应付债券)
			融资规模	短期借款金额/总资产
				长期借款金额/总资产
		企业创新	创新产出	公司申请发明专利的数量加1取自然对数
			创新效率	发明专利申请数量与研发投入金额分别加1取自然对数后的比值
			创新投入	公司研发投入金额加1取自然对数
解释变量		企业环境资源价值指数	Score1	将各个层次的指标及其子指标按平均权重构建出企业环境资源价值平均指数
			Score2	运用层次分析法构建的企业环境资源价值综合指数
控制变量	公司财务特征和治理特征变量	企业规模	Size	总资产取自然对数
		资产收益率	ROA	净利润除以总资产
		管理费用率	Mrate	管理费用除以营业收入
		资产负债率	Lev	负债总额除以资产总额
		公司治理水平	Dual	董事长与总经理是否两职合一
		股权集中水平	OC	前十大股东持股比例的平方和
	年度特征变量	地区市场化指数	Market	王小鲁等构建的市场化指数
		上市年限	Age	公司上市年限加1取自然对数
	行业特征变量	年度变量	Year	构建4个年度虚拟变量
		行业代码	Ind	证监会2012年的行业分类代码

表 7 - 2 列出了各个变量的描述性统计结果，Score1 和 Score2 的平均数分别为 0. 644 和 0. 663，最小值均小于 0，从环境资源价值指数的构成来看，该指数小于 0 意味着安全边界和安全边界增长率中至少有一个小于 0。企业规模（Size，总资产取对数）的平均值和方差分别为 22. 290 和 0. 993，资产负债率（Lev）的平均值和方差分别为 0. 485 和 0. 195，总资产净利率（ROA）的平均值和方差分别为 0. 030 和 0. 071，市场化程度（Market）的平均值和方差分别为 8. 080 和 1. 643。下文主要从经济绩效、经营成本、政府补助、经营效率、企业融资、企业创新等角度检验环境资源价值的经济后果。

表 7 - 2　各变量描述性统计结果

variable	N	mean	sd	min	p25	p50	p75	max
Score1	250	0. 644	0. 282	-0. 168	0. 467	0. 666	0. 856	1. 334
Score2	250	0. 663	0. 254	-0. 184	0. 527	0. 647	0. 809	1. 515
Size	334	22. 290	0. 993	20. 550	21. 560	22. 110	22. 880	25. 060
Lev	334	0. 485	0. 195	0. 106	0. 325	0. 486	0. 632	0. 923
ROA	331	0. 030	0. 071	-0. 155	0. 003	0. 018	0. 057	0. 355
Market	334	8. 080	1. 643	4. 502	6. 869	7. 919	9. 794	9. 878
Mrate	331	0. 080	0. 044	0. 012	0. 048	0. 074	0. 105	0. 245
Dual	329	0. 228	0. 420	0. 000	0. 000	0. 000	0. 000	1. 000
OC	334	0. 158	0. 121	0. 019	0. 071	0. 121	0. 205	0. 592
LnListAge	331	2. 515	0. 456	1. 099	2. 197	2. 639	2. 890	3. 135

7. 1　企业环境资源价值对企业经济绩效的影响研究

企业环境资源管理是企业社会责任的一种重要形式，具有深刻的经济意义和社会意义。企业环境资源价值对于企业销售收入增长有两个方面的影响。早期的研究发现，企业社会责任是企业成本的组成部分，会使企业利润降低，进而使股东利益受到损害。环境污染也会造成企业声誉的损失，降低其他利益相关者和消费者对企业的支持，使企业额外的法律成本增加。较高的环境资源价值要求更高的投资水平，从短期来看，这会占用企业人、财、物等资源，而环保投资的效果本身具有滞后性，这使其带来的直接经济利益难以快速实现，从而对营业收入的增长有负面影响。然而，在不同的组织、情境、区位和经理人认识下，企业社会责任具有不同的内涵。另外，企业环境资源价值越高，越容易让环保意识强烈的人士产生好感，进而增加企业的经营业绩。Dhaliwal 等（2011）研究表明，企业社会责任投资和信息披露越多，消费者越偏向该企业，从而有利于企业产品的销售。同时，在我国企业总体声誉不高的情况下，买方很多时候不能确定卖方的产品质量，进而降低卖方企业产品的销售。而企业环境资源价值高可以弥补交易双方信息不对称的不足，在一定程度上反映企业产品的高质量，进而增加企业的经营业绩。Porter 的研究也发现，环境污染会造成社会资源的浪费，降低环境污染有利于生产效率的提高。有效的监管和环境管制会增加企业生产成本，也会刺激各企业进行创新，同时获得环境绩效与经济绩效。

企业社会责任与经营绩效除了正负相关外，还有部分研究发现，两者之间没有显著的相关性。Fogler 和 Nutt（1975）的研究，较早地提出了两者无关的结论。Subroto 和 Hadi（2003）的研究以印度尼西亚的企业为样本，也发现了同样的结论。石军伟等（2009）的研究以 151 家中国企业的调查数据为样本，依然得出了一样的结论。另外，还有一些研究认为，企业社会责任与经营绩效之间并不是简单的正负相关关系，而是较为复杂的非线性关系。Wang 等（2008）认为，企业慈善行为与财务绩效之间存在倒“U”形关系，当企业慈善活动超过某一临界点，慈善活动带

来的绩效增加将会小于其带来的成本增加。张萃等（2017）研究发现，承担环境责任与企业绩效间具有同样的倒“U”形关系。温素彬等（2008）以中国上市公司为研究样本，发现在较短的期间内，企业社会责任承担和经营绩效呈显著的负相关关系，但是在较长的期间内，履行社会责任有利于降低企业的成本，提高企业的市场份额，进而增加企业的长期绩效。综上分析，本章对环境资源价值对企业经营业绩的影响提出以下假设：

H3a：较高的环境资源价值与企业经营业绩相关。

H3b：较高的环境资源价值与企业经营业绩无关。

企业经营绩效可以从收益、增长和风险承担三个方面进行体现，因此，我们可以选择资产收益率（ROA）、市场回报（Return）作为企业收益表现的代理变量，选择营业收入增长率（Rarev）作为经营增长表现的代理变量，将企业盈利波动性（Risk）作为企业风险承担能力的代理变量进行检验。更高的风险承担意味着增加了未来企业现金流入的不确定性，衡量风险承担较为广泛的应用是企业盈利的波动性。本章选用企业盈利的波动性衡量风险承担水平，即σ（ROA）。ROA是企业在相应年度的净利润与当年末资产总额的比率（余明桂等，2013）。我们用标准化后的3年ROA滚动方差进行度量。由图7-1可知，企业营业收入增长率与环境资源价值呈现出弱正相关。而企业收益、风险指标则与环境资源价值没有显著关系，但存在较弱负向趋势。表7-3第（3）列和第（5）列的相关系数再一次验证了营业收入增长率与环境资源价值之间较弱的正相关关系。但表7-4至表7-6和图7-2至图7-4结果显示，企业收益、风险承担水平与环境资源价值无显著关系，且市场回报和风险承担系数为负，由此可知，企业环境资源管理表现可以同时产生环境效益和经济效益，帮助企业在规范环境保护行为的同时，与企业短期经营绩效的关系是复杂的。

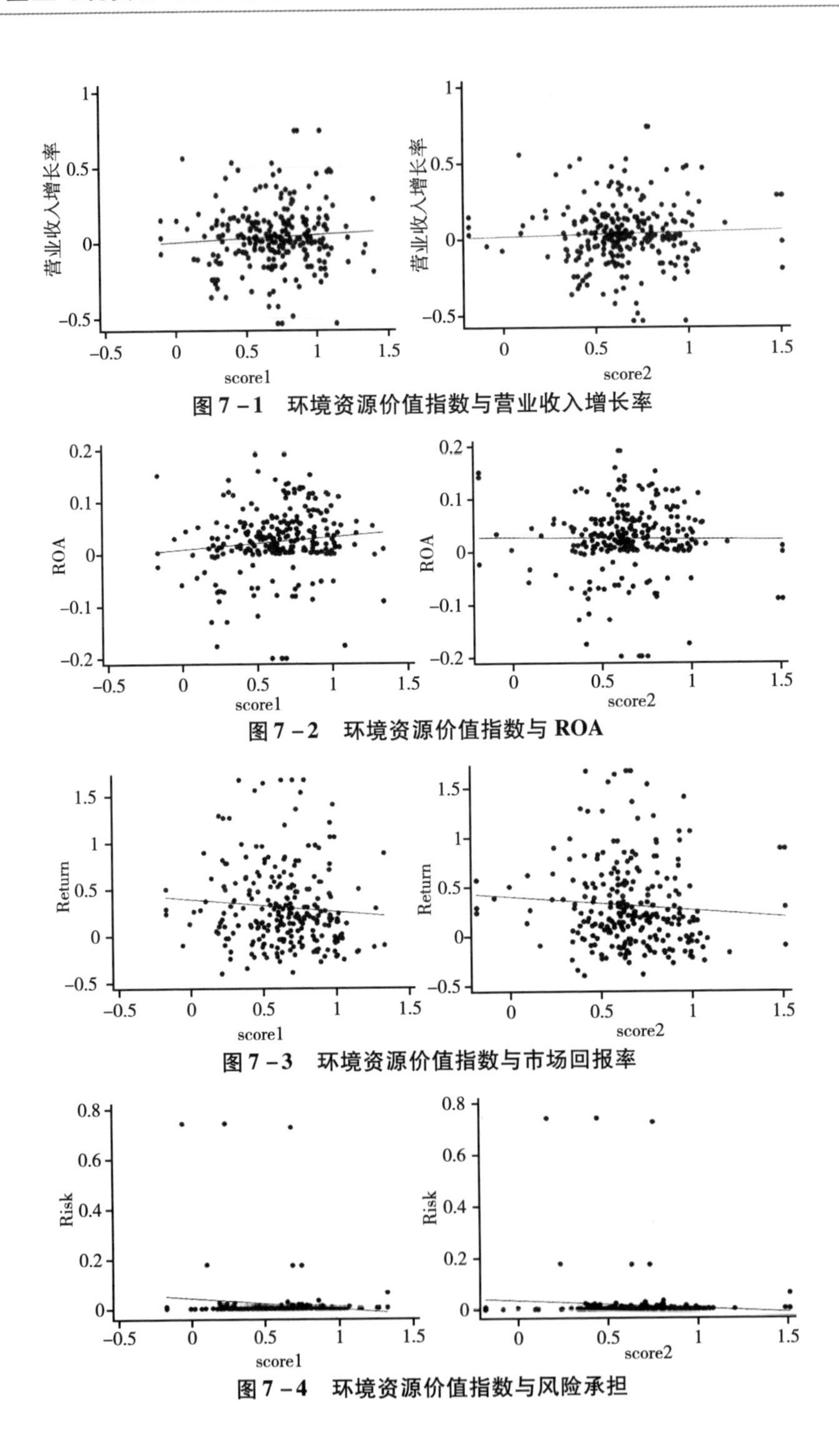

图 7-1　环境资源价值指数与营业收入增长率

图 7-2　环境资源价值指数与 ROA

图 7-3　环境资源价值指数与市场回报率

图 7-4　环境资源价值指数与风险承担

表 7-3　　　企业环境资源价值与营业收入增长率

	营业收入增长率					
	(1)	(2)	(3)	(4)	(5)	(6)
Score1	0.050 (0.303)	0.086* (0.073)	0.070 (0.158)			
Score2				0.028 (0.570)	0.080* (0.096)	0.063 (0.209)
Size		-0.003 (0.846)	-0.001 (0.939)		-0.000 (0.989)	0.001 (0.942)
Lev		0.083 (0.311)	0.093 (0.267)		0.070 (0.393)	0.083 (0.326)
ROA		0.127 (0.581)	0.205 (0.365)		0.152 (0.506)	0.225 (0.315)
Market		0.033*** (0.001)	0.029*** (0.007)		0.033*** (0.001)	0.029*** (0.007)
Mrate		-0.890** (0.024)	-0.911** (0.028)		-0.890** (0.024)	-0.908** (0.029)
Dual		0.003 (0.905)	0.003 (0.905)		0.007 (0.782)	0.006 (0.805)
OC		-0.260** (0.014)	-0.262*** (0.010)		-0.264** (0.012)	-0.266*** (0.009)
LnListAge		-0.123*** (0.000)	-0.117*** (0.000)		-0.122*** (0.000)	-0.116*** (0.000)
_cons	0.007 (0.836)	0.152 (0.667)	0.170 (0.630)	0.020 (0.563)	0.097 (0.782)	0.124 (0.725)
N	250	245	245	250	245	245
Ind	No	No	Yes	No	No	Yes
Year	No	No	Yes	No	No	Yes
$Adj-R^2$	0.001	0.156	0.192	-0.003	0.152	0.190

注：括号中的数值为 p 值，*、**、*** 分别表示 10%、5% 和 1% 的显著性水平。

表 7-4　　企业环境资源价值与 ROA

	ROA					
	(1)	(2)	(3)	(4)	(5)	(6)
Score1	0.022 (0.173)	-0.001 (0.942)	0.001 (0.909)			
Score2				-0.014 (0.429)	-0.016 (0.257)	-0.013 (0.343)
Size		0.022*** (0.000)	0.022*** (0.000)		0.022*** (0.000)	0.022*** (0.000)
Lev		-0.219*** (0.000)	-0.218*** (0.000)		-0.220*** (0.000)	-0.219*** (0.000)
Market		0.005* (0.077)	0.006* (0.056)		0.005* (0.084)	0.006* (0.063)
Mrate		-0.223** (0.028)	-0.211** (0.046)		-0.217** (0.030)	-0.208** (0.046)
Dual		-0.009 (0.178)	-0.009 (0.147)		-0.009 (0.160)	-0.009 (0.141)
OC		-0.033 (0.226)	-0.034 (0.228)		-0.034 (0.209)	-0.034 (0.218)
LnListAge		-0.002 (0.836)	-0.002 (0.797)		-0.001 (0.885)	-0.002 (0.845)
_cons	0.016 (0.144)	-0.364*** (0.000)	-0.372*** (0.000)	0.039*** (0.002)	-0.369*** (0.000)	-0.376*** (0.000)
N	250	245	245	250	245	245
Ind	No	No	Yes	No	No	Yes
Year	No	No	Yes	No	No	Yes
$Adj-R^2$	0.004	0.376	0.374	-0.001	0.380	0.377

注：括号中的数值为 p 值，*、**、*** 分别表示 10%、5% 和 1% 的显著性水平。

表7-5 企业环境资源价值与市场回报率

	市场回报率					
	(1)	(2)	(3)	(4)	(5)	(6)
Score1	-0.133 (0.152)	-0.042 (0.649)	-0.008 (0.928)			
Score2				-0.136 (0.158)	-0.050 (0.596)	-0.028 (0.742)
Treturn①		0.519 *** (0.000)	1.890 (0.112)		0.517 *** (0.000)	1.868 (0.117)
Size		-0.010 (0.771)	-0.020 (0.539)		-0.010 (0.751)	-0.019 (0.554)
Lev		0.326 * (0.083)	0.280 (0.128)		0.331 * (0.079)	0.279 (0.129)
ROA		-0.155 (0.725)	-0.345 (0.440)		-0.171 (0.698)	-0.353 (0.430)
Market		0.029 (0.143)	0.027 (0.157)		0.029 (0.144)	0.026 (0.163)
Mrate		0.146 (0.837)	0.047 (0.946)		0.148 (0.835)	0.050 (0.943)
Dual		-0.028 (0.623)	-0.010 (0.843)		-0.030 (0.598)	-0.011 (0.834)
OC		-0.004 (0.985)	-0.000 (1.000)		-0.003 (0.990)	-0.000 (0.999)
LnListAge		-0.032 (0.665)	-0.062 (0.350)		-0.033 (0.664)	-0.061 (0.354)
_cons	0.393 *** (0.000)	0.124 (0.868)	0.453 (0.502)	0.398 *** (0.000)	0.148 (0.842)	0.451 (0.504)
N	249	244	244	249	244	244
Ind	No	No	Yes	No	No	Yes
Year	No	No	Yes	No	No	Yes
Adj - R^2	0.004	0.070	0.199	0.003	0.070	0.200

注：括号中的数值为p值，*、**、***分别表示10%、5%和1%的显著性水平。

① Treturn为沪深综合指数年回报率，在个股回报率Return作为解释变量时需要控制沪深综合指数年回报率，即Treturn。

表 7-6　　企业环境资源价值与风险承担

	风险承担					
	(1)	(2)	(3)	(4)	(5)	(6)
Score1	-0.043 (0.151)	-0.042 (0.132)	-0.042 (0.119)			
Score2				-0.031 (0.236)	-0.040 (0.151)	-0.041 (0.134)
Size		0.002 (0.478)	0.001 (0.694)		0.001 (0.761)	-0.000 (0.922)
Lev		0.021 (0.207)	0.018 (0.238)		0.027 (0.137)	0.024 (0.146)
ROA		-0.149 (0.226)	-0.155 (0.230)		-0.162 (0.219)	-0.168 (0.221)
Market		0.002 (0.431)	0.001 (0.468)		0.002 (0.413)	0.001 (0.458)
Mrate		-0.011 (0.833)	-0.030 (0.599)		-0.011 (0.828)	-0.031 (0.584)
Dual		-0.013* (0.072)	-0.012* (0.080)		-0.015* (0.077)	-0.014* (0.081)
OC		-0.047 (0.160)	-0.044 (0.192)		-0.045 (0.168)	-0.041 (0.203)
LnListAge		0.014 (0.199)	0.013 (0.214)		0.014 (0.208)	0.013 (0.226)
_cons	0.041* (0.076)	-0.051 (0.411)	-0.031 (0.585)	0.034 (0.102)	-0.025 (0.616)	-0.004 (0.935)
N	247	242	242	247	242	242
Ind	No	No	Yes	No	No	Yes
Year	No	No	Yes	No	No	Yes
$Adj-R^2$	0.017	0.050	0.047	0.005	0.044	0.041

注：括号中的数值为 p 值，*、**、*** 分别表示 10%、5% 和 1% 的显著性水平。

前文我们已分析了环保投资对企业资源的激励和优化，所以企业环境资源价值与营业收入增长的正相关性具有了理论上的合理性。这表明企业在进行环境资源价值投资时，通过环境资源成本的增加，一方面改善企业社会责任表现，另一方面同样可以激励企业进行更好的经营业绩表现，但环境资源价值与企业收益和风险承担则在短期仍呈现微弱负相关关系。由此可知，现阶段而言，企业环境资源价值对于企业经营绩效的影响是复杂的，环境投入可以帮助企业降低信息不对称程度、获得良好的社会声誉，使企业营业收入增长率提高，在提高企业环境保护表现的同时，满足财富最大化目标。但短期来看，这种增长是呈微弱效果的，并且对企业收益和风险承担水平的影响是不显著的，说明环保投资对企业资源的占用和效果存在滞后性，因此企业环境资源价值与经营收益和风险承担微弱负相关关系具有了理论上的合理性。这表明企业在进行环境资源价值投资时，可能要经历一个“阵痛期”，需要牺牲短期的经济利益，才能换来可持续的健康发展。美丽中国的建设除了靠企业的努力实践外，还需要政府之手的有力支持和推动，该结果向我们展示的政策含义是，要对冲企业面临的业绩增长负担，政府需要制定一些替代性政策，从而使企业能够平稳度过“阵痛期”，顺利过渡到环境资源价值助力业绩增长的阶段。

7.2　企业环境资源价值与企业经营成本

Givel（2007）认为，建立良好的政府关系进而避免更为麻烦的政府管制是企业承担社会责任的主要目的。Dummett（2006）发现，企业承担社会责任的第一位驱动因素是政府立法或管制。从“社会压力”的角度看，“利益相关者理论”明确了企业社会责任的对象，使其不再仅仅是抽象的“社会”概念（Mitchell et al.，1997），能否有效地处理与各种利益相关者的关系决定了企业的生存发展。一方面已有研究表明，企业社会责任可以通过声誉作用（Fombrun and Shanley，1990）、消费者忠诚度（Lichtenstein et al.，2004；Luo and Bhattacharya，2006；Baden et al.，2008）、员工满意度（Turban，1996）等效应满足利益相关者的要求，从而吸引更多的投资、更多优秀的员工和更多忠诚的顾客，获取利益相关者的支持，最终形成企业的竞争优势。但另一方面，企业社会责任的反对者则从成本视角出发，认为承担社会责任会对企业绩效产生消极影响。他们认为遵循市场规则，以最有效率的方式生产产品，以最大化利润为目标是企业唯一的社会责任（Friedman，1970），将有限的资源投资于社会问题，将会提高企业的成本，削弱企业竞争优势（Aupperle et al.，1985；Barnett，2007）。具体来讲，已有研究将承担社会责任的成本分为了两类：一类是社会责任活动本身导致的直接成本，这类成本会占用企业资金，增加经营风险，对企业绩效产生负面影响（Freedman and Jaggi，1982；李正，2006）。另一类则是基于委托代理问题产生的代理成本，管理者可能会采取机会主义行为，出于追求个人声誉的目的承担社会责任，牺牲企业的财务绩效（Friedman，1970；Navarro，1988；Wang et al.，2008）。

已有研究发现，道德风险更高的企业往往面临更高的经营成本（Thomas et al.，2004），同时研究表明，社会责任对企业的长期财务绩效具有正向影响（Griffin and Mahon，1997；Margolis and Walsh，2001；郭红玲，2006）。但在企业进行环境资源管理初期，为更好地履行社会责任、达到环境资源管理绩效，需要投入大量的财力，这势必会增加企业的经营成本，导致企业资源配置的转移。Richardson 等（1999）通过研究 1990—1992 年加拿大的上市公司，发现环境信息披露质量与权益资本成本存在显著的正相关关系。但是，社会责任对企业的长期财务绩效具有正向影响（Griffin and Mahon，1997；Margolis and Walsh，2001；郭红玲，2006），企业会选择主动承担社会责任，以便降低经营成本，获取更高经济利益。更好地履行社会责任，提高企业环境绩效，提高环境资源价值，可以通过提高企业社会声誉和降低信息不对称来帮助企业获得经济效益，这种可持续的经营决策在激励企业进行更多的创新、优化企业生产结构、提高市场竞争力的同时，也有利于获得政府对环境资源管理表现优异的企业提供的政策扶持、税收优惠以及财政补贴。因此，企业受到获取更高经济利益的驱动，可能会承受更高的经营成本（陶春华，2016）。

当企业环境资源表现优异，达到国家标准，按照信息披露理论，该企业的环境表现会被社会大众所认知，获得社会声誉，更重要的是将这一信息传递给了外部债权人，如银行。银行可能会将这种环境表现的嘉奖视为一种即将受到更多政策扶持的信号，从而调整企业信用评级，降低银行贷款利率，改善资金结构，提高盈利水平。Marshall 等（2009）通过研究美国公司 2000—2004 年的年报或独立环境报告，将企业分类为环境敏感并受监督、环境不敏感、环境敏感三类，分别探讨环境信息披露与权益资本成本之间的关系，结果显示，环境信息披露质量与权益资本成本存在显著的负相关关系，并且这种负相关关系在环境敏感型公司中更加显著。因此，更好的环境资源表现也可能会降低企业的经营成本。沈洪涛等（2010）以 2006—2009 年重污染行业的 A 股上市公司为样本，得到了相同的结论。吴红军（2014）的研究以 2006—2008 年化工行业上市公司为样本，研究发现，有效降低企业权益资本成本的情况只发生在企业较多地披露内容具体和可验证性强的环境信息的时候。据此，本章提出以下假设：

H4a：较高的环境资源价值会提高企业经营成本。

H4b：较高的环境资源价值会降低企业经营成本。

我们选择营业成本率作为经营成本的代理变量。营业成本率定义为营业成本/营业收入，计算营业成本率有利于和同行业进行横向的比较，确定改进方向。营业成本率是从经营层面计算成本和费用占公司营收的比重，然后纵向比较公司的成本和费用控制的变化情况，因为在正常情况下，对于重资产行业来说，成本和费用是重点，密切监控它们的变化是非常重要的。检验结果如表7-7和图7-5所示。表7-7中更高的企业环境资源价值与企业营业成本率关系虽不显著，但符号为负，Score1与营业成本率的关系也可以看到明显的负相关，说明环境资源投入不仅可以提高企业的环境绩效，而且对企业经营成本也具有降低趋势。这种不显著关系可能是因为短期内企业的环境资源管理投入。一方面，企业对环境资源管理的投入会造成企业资源配置的改变，增加企业经营成本，但另一方面，通过更完善的环境信息披露，企业可以降低不对称程度，获得良好的社会声誉，从而向社会其他利益相关者传递良好信号，有利于企业获得更多的政府补助和银行贷款，最终使企业经营成本呈现降低趋势，后文会针对企业进行环境资源管理产生的经济后果进行分析。

表7-7　企业环境资源价值与营业成本率

	营业成本率					
	(1)	(2)	(3)	(4)	(5)	(6)
Score1	-0.076** (0.018)	-0.029 (0.138)	-0.029 (0.149)			
Score2				-0.011 (0.755)	-0.025 (0.237)	-0.026 (0.211)
Size		-0.030*** (0.000)	-0.031*** (0.000)		-0.031*** (0.000)	-0.032*** (0.000)
Lev		0.243*** (0.000)	0.239*** (0.000)		0.248*** (0.000)	0.243*** (0.000)

续表

	营业成本率					
	(1)	(2)	(3)	(4)	(5)	(6)
ROA		-0.616*** (0.000)	-0.623*** (0.000)		-0.624*** (0.000)	-0.632*** (0.000)
Market		-0.011** (0.029)	-0.013** (0.019)		-0.011** (0.030)	-0.012** (0.019)
Mrate		-0.849*** (0.000)	-0.876*** (0.000)		-0.850*** (0.000)	-0.877*** (0.000)
Dual		-0.072*** (0.000)	-0.070*** (0.000)		-0.073*** (0.000)	-0.071*** (0.000)
OC		0.133*** (0.006)	0.136*** (0.005)		0.135*** (0.005)	0.137*** (0.004)
LnListAge		0.029* (0.071)	0.027* (0.097)		0.029* (0.076)	0.026 (0.103)
_cons	0.850*** (0.000)	1.481*** (0.000)	1.529*** (0.000)	0.807*** (0.000)	1.501*** (0.000)	1.549*** (0.000)
N	250	245	245	250	245	245
Ind	No	No	Yes	No	No	Yes
Year	No	No	Yes	No	No	Yes
Adj - R^2	0.020	0.599	0.603	-0.004	0.598	0.602

注：括号中的数值为 p 值，*、**、*** 分别表示10%、5%和1%的显著性水平。

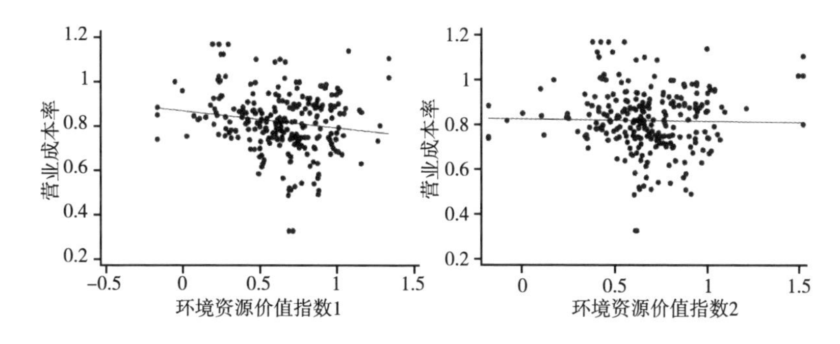

图7-5　环境资源价值指数与营业成本率

7.3 正面路径研究

7.3.1 企业环境资源价值对企业政府补助的影响研究

企业在推动经济发展的同时也是环境污染的主体。因此，其能否积极有效地在环境资源方面协助政府，是维护可持续发展的关键。政府在环境资源保护方面，对企业存有依赖。较之单一地依赖行政手段进行干预，向企业提供补助是政府与企业建立联系更有效的一种方式（王凤翔等，2006）。一方面，基于鼓励作用，政府补助可以激励企业自觉主动地提高自身的环境资源价值；另一方面，基于补偿作用，政府补助有助于企业社会效益的发挥（唐清泉等，2007），可以为企业进一步提升自己的资源环境价值提供资金支持。《环境信息公开办法（试行）》的第二十三条规定，对自愿公开企业环境行为信息且模范遵守环保法律法规的企业，环保部门可以给予下列奖励：在当地主要媒体公开表彰；依照国家有关规定优先安排环保专项资金项目；依照国家有关规定优先推荐清洁生产示范项目或者其他国家提供资金补助的示范项目；国家规定的其他奖励措施。因此我们认为，政府会根据企业的资源环境价值来决定其是否有资格获得政府补助以及具体的补助金额，资源环境价值较高的企业可以吸引更多的政府补助。基于上述分析，我们提出以下假设：

H5：环境资源价值较高的企业可以获得更多的政府补助金额。

我们对企业环境资源价值与政府补助之间的关系进行了检验。由图7－6和表7－8的第（3）列和第（6）列结果可知，政府补助与企业环境资源之间存在正相关关系，在5%的水平上显著为正，说明我国政府在给予企业补助时会考虑企业的环境资源价值，将生态文明的建设落实到政策导向上，从而在政府补助实施的过程中倾向于环境资源价值高的企业。同时我们也可以看到，在控制了企业特征、市场特征、行业和年份之后，二者之间的相关性程度相对减弱，这可能是由于我国政府给予企业补助时需要综合考虑当前的国情和经济实力，平衡和协调各方面的发展，所以企业环境资源价值与政府补助之间的关系只在一定程度上正相关。政府补助作为企业获得政府支持和其他稀缺生产要素的一个重要途径，其具体流向暗含着政府对整个经济结构和发展方向的推动，它究竟能够在多大程度上倾向于环境资源价值，这既取决于我国经济实力的强弱，也取决于整个经济结构的平衡情况。我们期望随着我国综合国力的不断增强和技术瓶颈的突破，经济发展与青山绿水可以和谐共存、相互促进。

表7－8　　企业环境资源价值与政府补助

	政府补助					
	（1）	（2）	（3）	（4）	（5）	（6）
Score1	1.316*** （0.004）	1.007** （0.035）	0.945** （0.042）			
Score2				1.641*** （0.009）	1.348** （0.035）	1.285** （0.038）
Size		0.626*** （0.000）	0.629*** （0.001）		0.636*** （0.000）	0.640*** （0.000）
Lev		1.559* （0.073）	1.574* （0.078）		1.456* （0.092）	1.484* （0.097）
ROA		－1.255 （0.507）	－0.975 （0.611）		－0.810 （0.678）	－0.570 （0.772）
Market		0.221*** （0.001）	0.195*** （0.006）		0.223*** （0.001）	0.200*** （0.005）
Mrate		17.373*** （0.005）	17.189*** （0.006）		17.247*** （0.004）	17.158*** （0.005）

续表

	政府补助					
	(1)	(2)	(3)	(4)	(5)	(6)
Dual		0.062 (0.897)	0.074 (0.885)		0.118 (0.806)	0.122 (0.812)
OC		2.339* (0.051)	2.316* (0.056)		2.314* (0.052)	2.278* (0.058)
LnListAge		-0.323 (0.184)	-0.316 (0.199)		-0.327 (0.183)	-0.317 (0.199)
_cons	16.176*** (0.000)	-1.081 (0.743)	-0.658 (0.854)	15.936*** (0.000)	-1.517 (0.642)	-1.164 (0.738)
N	250	245	245	250	245	245
Ind	No	No	Yes	No	No	Yes
Year	No	No	Yes	No	No	Yes
Adj - R^2	0.017	0.095	0.087	0.022	0.101	0.093

注：括号中的数值为 p 值，*、**、*** 分别表示 10%、5% 和 1% 的显著性水平。

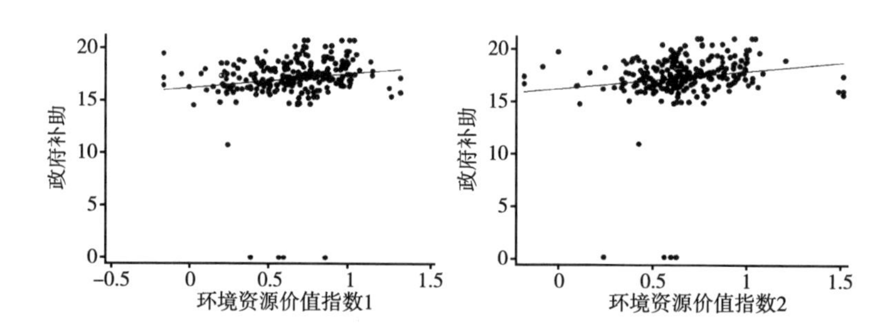

图 7-6　环境资源价值指数与政府补助

7.3.2　企业环境资源价值对企业经营效率的影响研究

基于“利益相关者理论”，员工作为企业重要的内部利益相关者，他们与企业的关系好坏以及工作满意度将直接影响到企业的经营效率。企业环境资源价值可以从吸引高素质的员工和改善员工与企业的关系质量两方面来提高企业的经营效率。作为社会成员，一些具有环保意识的企业员工希望企业进行环境资源投资，从而减少污染排放量。Brekke 和 Nyborg（2008）研究发现，如果负责任的企业（绿色）与不负责任的企业（棕色）均衡存在，高道德动机的员工会自己选择进入绿色工厂，并最终导致每一家棕色企业退出市场。积极承担社会责任的企业比不承担社会责任的企业对员工的吸引力更大（Turban and Greening，1997）。同时，已有研究表明，积极承担社会责任对员工的忠诚度（谭文琦等，2011）、员工满意度（贾晓楠，2010）、工作效率和士气（朱瑞雪等，2004）、员工信任（Williams and Bauer，1994）产生正向影响。因此我们认为，环境资源价值较高的企业可以吸引更多高素质的员工，同时与员工的关系质量更高，进而有助于提高企业的经营效率。基于上述分析，我们提出以下假设：

H6：较高的环境资源价值有利于提高企业的经营效率。

为此，我们对环境资源价值和企业总资产周转率之间的关系进行了检验。从图 7-7 可以看出，企业总资产周转率水平随着企业环境资源价值增加而升高。同时，我们分别将企业环境资源价值与总资产周转率进行了 OLS 回归，控制了行业和年度，并进行异方差调整。表 7-9 第（6）列 Score2 的系数为 0.924，企业的经营效率与环境资源价值在 1% 的水平上显著正相关。这证实了我们的推论，即环境资源价值较高的企业可以吸引更多高素质的员工，同时与员工的关系质量更高，进而有助于提高企业的经营效率。从表 7-9 控制变量的系数可以看到，市场化指数、资产收益率以及前十大股东持股比例的平方和均与总资产周转率显著正相关，说明较高的市场化水平、盈利能力以及股权集中度对企业经营效率有积极影响，而董事长与总经理两职合一则不利于企业经营效率的提高。

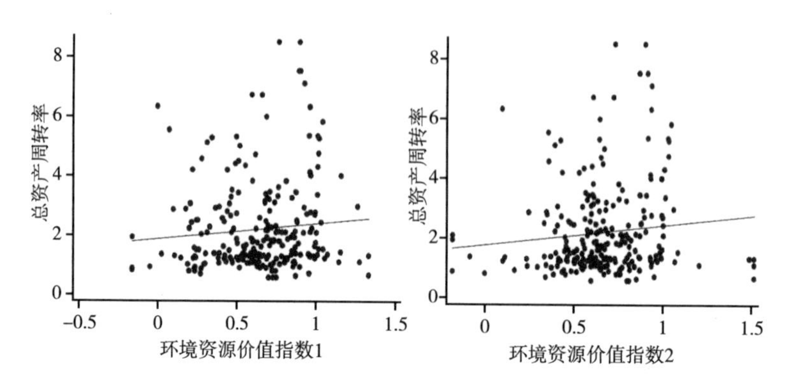

图 7-7 环境资源价值指数与总资产周转率

表 7-9 企业环境资源价值与总资产周转率

	总资产周转率					
	(1)	(2)	(3)	(4)	(5)	(6)
Score1	0. 513 (0. 151)	0. 467 (0. 151)	0. 564 * (0. 081)			
Score2				0. 656 * (0. 095)	0. 769 ** (0. 025)	0. 924 *** (0. 008)
Size		0. 055 (0. 672)	0. 091 (0. 495)		0. 052 (0. 688)	0. 090 (0. 494)
Lev		0. 048 (0. 943)	0. 121 (0. 853)		0. 018 (0. 979)	0. 086 (0. 894)
ROA		4. 824 ** (0. 039)	4. 606 ** (0. 039)		5. 081 ** (0. 033)	4. 892 ** (0. 031)
Market		0. 137 * (0. 056)	0. 172 ** (0. 016)		0. 140 * (0. 050)	0. 178 ** (0. 013)
Mrate		-3. 295 (0. 156)	-2. 219 (0. 335)		-3. 401 (0. 142)	-2. 260 (0. 324)
Dual		-0. 447 ** (0. 029)	-0. 514 ** (0. 013)		-0. 418 ** (0. 037)	-0. 483 ** (0. 017)
OC		2. 733 *** (0. 009)	2. 560 ** (0. 013)		2. 731 *** (0. 008)	2. 543 ** (0. 013)

续表

	总资产周转率					
	(1)	(2)	(3)	(4)	(5)	(6)
LnListAge		-0.023 (0.938)	0.010 (0.972)		-0.029 (0.919)	0.005 (0.987)
_cons	1.894 *** (0.000)	-0.617 (0.836)	-1.854 (0.534)	1.789 *** (0.000)	-0.748 (0.801)	-2.109 (0.477)
N	250	245	245	250	245	245
Ind	No	No	Yes	No	No	Yes
Year	No	No	Yes	No	No	Yes
$Adj-R^2$	0.005	0.142	0.157	0.008	0.151	0.171

注：括号中的数值为 p 值，*、**、*** 分别表示 10%、5% 和 1% 的显著性水平。

7.3.3　企业环境资源价值对企业融资的影响研究

Dhaliwal 等（2011）研究表明，企业社会责任的履行可以降低将来面临诉讼的成本、减少潜在的政府监管成本和罚款成本，进而降低企业的资本成本，提高企业价值。基于“声誉理论”，较差的企业环境资源价值（尤其是存在超标排放的企业或者环境事故应急措施缺乏的企业）会受到环境污染诉讼可能性大、经营风险高等负面声誉的影响，具有较高的融资难度和成本。随着政府监管部门和法规的逐步完善，政府、媒体和社会大众对环境保护的关注度日益提高，《劳动法》《环境保护法》等都要求重污染企业承担更多的社会责任活动，尤其是在环境保护方面。资源环境价值较低的企业会受到政府等监管部门的监督（沈洪涛等，2005），同时这些监管部门会将企业的环境资源表现作为融资审批的重要指标。这种情况下，环境资源价值较低的公司触犯相关监管法规的可能性更大，被起诉和罚款的风险增加，最终会导致企业融资难度和成本的提高。《环境信息公开办法（试行）》第十一条明确规定环保部门应当在职责权限范围内向社会主动公开以下政府环境信息：经调查核实的公众对环境问题或者对企业污染环境的信访、投诉案件及其处理结果；污染物排放超过国家或者地方排放标准，或者污染物排放总量超过地方人民政府核定的排放总量控制指标的污染严重的企业名单，发生重大、特大环境污染事故或者事件的企业名单，拒不执行已生效的环境行政处罚决定的企业名单。这意味着在中国，企业环境资源价值低的企业，将容易被政府部门和相关媒体曝光，进而产生诉讼罚款成本和声誉受损成本，最终提高企业融资难度和成本。基于上述分析，我们提出以下假设：

H7：较高的环境资源价值有利于降低企业的融资成本。

H8：较高的环境资源价值有利于扩大企业的融资规模。

我们从融资规模和融资成本两方面衡量了环境资源价值对企业融资的影响。

首先在成本方面，从图 7－8 和表 7－10 可以看出，企业的资源环境价值与企业融资成本显著负相关，较高的资源环境价值可以降低企业的融资成本，但是从表 7－10 来看，负相关程度相对较弱。我国债务融资形式以银行贷款为主，债务融资成本与环境资源价值相关系数为负说明我国绿色信贷政策有了初步的效果，但是图形和回归结果上的相关程度都有待提高，这也表明我国绿色信贷政策还需要进一步加强。该结果的政策含义是：在我国债务融资渠道受限和信用市场落后的条件下，银行绿色信贷政策可以缓解企业进行污染治理时的成本约束，促进企业绿色健康发展。其次在规模方面，因为融资规模衡量指标与资产负债率具有较高的共线性，因此我们在检验融资规模与企业环境资源价值的控制变量中去掉了资产负债率。从图 7－9 和图 7－10，以及表 7－11 和表 7－12 的结果中可以看出，较高的环境资源价值可以显著提高企业短期融资的规模，但对企业的长期融资具有相反的影响。

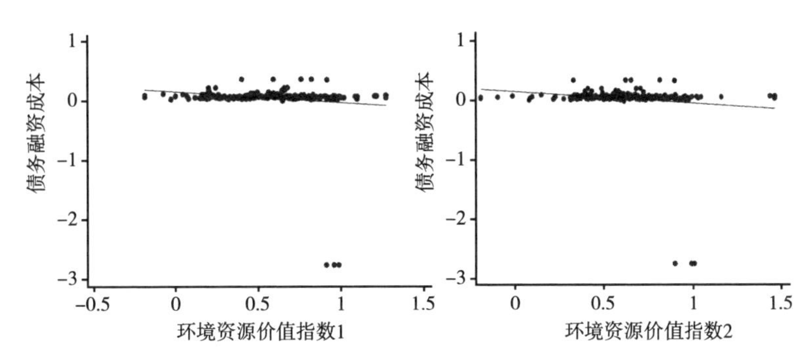

图7-8　环境资源价值指数与债务融资成本

表7-10　　企业环境资源价值与债务融资成本

	债务融资成本					
	(1)	(2)	(3)	(4)	(5)	(6)
Score1	-0.178* (0.060)	-0.105* (0.077)	-0.104* (0.083)			
Score2				-0.197* (0.076)	-0.149* (0.070)	-0.151* (0.068)
Size		-0.037** (0.029)	-0.038** (0.020)		-0.037** (0.026)	-0.039** (0.019)
Lev		0.031 (0.734)	0.023 (0.796)		0.042 (0.654)	0.033 (0.718)
ROA		-0.994* (0.091)	-1.017* (0.085)		-1.043* (0.087)	-1.064* (0.081)
Market		0.023 (0.218)	0.022 (0.223)		0.023 (0.218)	0.022 (0.228)
Mrate		-0.927* (0.061)	-0.961* (0.057)		-0.913* (0.061)	-0.959* (0.056)
Dual		0.056* (0.086)	0.059* (0.080)		0.050* (0.095)	0.054* (0.087)
OC		-0.299* (0.076)	-0.294* (0.082)		-0.297* (0.076)	-0.291* (0.082)

续表

	债务融资成本					
	(1)	(2)	(3)	(4)	(5)	(6)
LnListAge		−0.135* (0.084)	−0.138* (0.081)		−0.134* (0.082)	−0.138* (0.079)
_cons	0.156*** (0.000)	1.194** (0.011)	1.246*** (0.005)	0.173*** (0.002)	1.234** (0.010)	1.299*** (0.005)
N	244	239	239	244	239	239
Ind	No	No	Yes	No	No	Yes
Year	No	No	Yes	No	No	Yes
Adj − R^2	0.020	0.099	0.090	0.020	0.105	0.096

注：括号中的数值为 p 值，*、**、*** 分别表示 10%、5% 和 1% 的显著性水平。

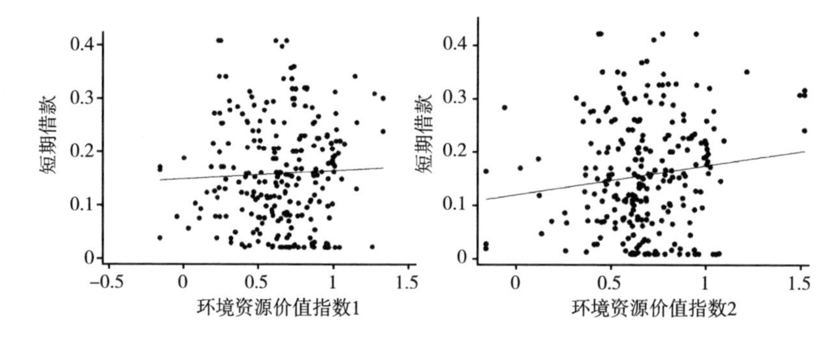

图 7－9　环境资源价值指数与短期借款

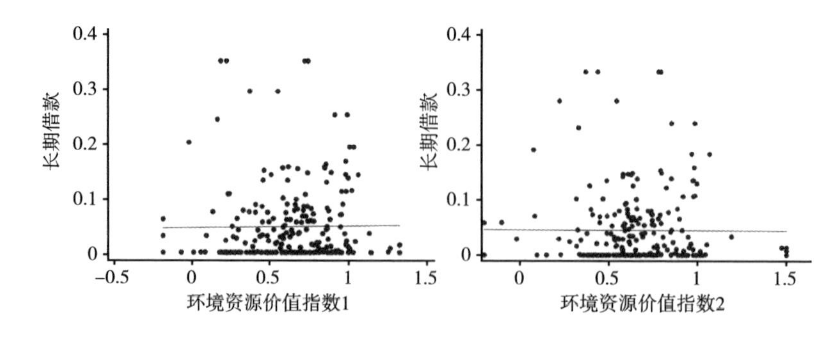

图 7－10　环境资源价值指数与长期借款

表7-11 企业环境资源价值与短期借款规模

	短期借款规模					
	(1)	(2)	(3)	(4)	(5)	(6)
Score1	0.017 (0.478)	0.016 (0.462)	0.019 (0.401)			
Score2				0.058** (0.031)	0.035 (0.129)	0.038* (0.098)
Size		0.018** (0.025)	0.018** (0.031)		0.017** (0.030)	0.017** (0.036)
ROA		-0.751*** (0.000)	-0.761*** (0.000)		-0.739*** (0.000)	-0.749*** (0.000)
Market		-0.002 (0.655)	-0.001 (0.806)		-0.002 (0.688)	-0.001 (0.862)
Mrate		-0.558*** (0.006)	-0.546*** (0.010)		-0.565*** (0.006)	-0.549*** (0.010)
Dual		0.013 (0.385)	0.012 (0.413)		0.014 (0.343)	0.014 (0.371)
OC		-0.026 (0.642)	-0.027 (0.633)		-0.025 (0.650)	-0.027 (0.631)
LnListAge		-0.006 (0.690)	-0.007 (0.672)		-0.007 (0.667)	-0.007 (0.652)
_cons	0.146*** (0.000)	-0.146 (0.431)	-0.164 (0.398)	0.119*** (0.000)	-0.147 (0.430)	-0.170 (0.381)
N	250	245	245	250	245	245
Ind	No	No	Yes	No	No	Yes
Year	No	No	Yes	No	No	Yes
Adj - R^2	-0.002	0.260	0.253	0.013	0.264	0.258

注：括号中的数值为p值，*、**、***分别表示10%、5%和1%的显著性水平。

表 7-12　　企业环境资源价值与长期借款规模

	长期借款规模					
	(1)	(2)	(3)	(4)	(5)	(6)
Score1	0.003 (0.842)	-0.020 (0.262)	-0.022 (0.195)			
Score2				-0.001 (0.944)	-0.027 (0.139)	-0.031* (0.084)
Size		0.032*** (0.000)	0.031*** (0.000)		0.032*** (0.000)	0.031*** (0.000)
ROA		-0.187** (0.016)	-0.176** (0.022)		-0.199** (0.013)	-0.189** (0.018)
Market		-0.002 (0.360)	-0.003 (0.290)		-0.003 (0.343)	-0.003 (0.265)
Mrate		0.067 (0.611)	0.039 (0.756)		0.067 (0.607)	0.036 (0.770)
Dual		-0.008 (0.296)	-0.006 (0.435)		-0.010 (0.243)	-0.008 (0.365)
OC		-0.004 (0.917)	0.002 (0.971)		-0.004 (0.926)	0.003 (0.950)
LnListAge		-0.003 (0.728)	-0.004 (0.647)		-0.002 (0.759)	-0.003 (0.673)
_cons	0.045*** (0.001)	-0.629*** (0.000)	-0.594*** (0.000)	0.048*** (0.000)	-0.622*** (0.000)	-0.583*** (0.000)
N	233	228	228	233	228	228
Ind	No	No	Yes	No	No	Yes
Year	No	No	Yes	No	No	Yes
Adj - R^2	-0.004	0.178	0.172	-0.004	0.181	0.177

注：括号中的数值为 p 值，*、**、*** 分别表示 10%、5% 和 1% 的显著性水平。

7.3.4 企业环境资源价值对企业创新的影响研究

基于资源依赖理论和利益相关者理论，企业的创新表现取决于其获取关键资源并从中获利的能力，始终受到利益相关者网络关系的约束。从企业内部来看，环境资源价值较高的企业更容易吸引高水平的人才，提高现有员工的组织认同感和工作满意度，为企业创新储存人力资本（Turban and Greening，1997；刘亚军等，2010）。企业在环境资源方面表现越好，企业的创新氛围越浓厚。从企业外部来看，企业创新需要源源不断的资金支持（Aghion and Howitt，1998）。一方面，银行更倾向于为资源环境信息披露充分、社会责任表现优良的企业提供贷款（Goss and Roberts，2011；毛磊等，2012）；另一方面，企业制定积极的环境资源战略是一种亲社会行为，有利于提高政府对企业的信任和好感，从而获得更多的政府补助和政策支持，赢得创新机会。因此，环境资源价值高的企业更容易获取外部资金支持，可以为企业创新赢得必须的资源。结合上述分析，我们认为较高的企业环境资源价值会对企业创新产生积极影响。基于上述分析，我们提出以下假设：

H9：较高的环境资源价值有利于从创新产出和创新效率两方面优化企业的创新成果。

H10：较高的环境资源价值有利于刺激企业进行更高的创新投入。

我们分别用创新产出、创新效率和创新投入三个变量对企业的创新表现进行衡量。从图7－11、图7－12、图7－13可以看出，企业的创新表现随着企业环境资源价值的提升而改善。同时，我们分别将企业环境资源价值与企业创新表现指标进行了OLS回归，控制了行业和年度，并进行异方差调整。表7－13报告了企业创新成果与环境资源价值的关系，第（3）列和第（9）列结果显示，企业创新产出和创新效率在1%的水平上与企业环境资源价值指数1显著正相关，第（6）列和第（12）列结果显示，企业创新产出和创新效率在1%的水平上与企业环境资源价值指数2显著正相关。表7-14检验了企业创新投入与环境资源价值的关系，第（3）列企业环境资源价值指数1的系数和第（6）列企业环境资源价值指数2的系数也得到了相同的结论。说明较高的环境资源价值对企业创新有促进作用，环境资源价值较高的企业，无论是创新成果还是创新投入，都有更好的表现。

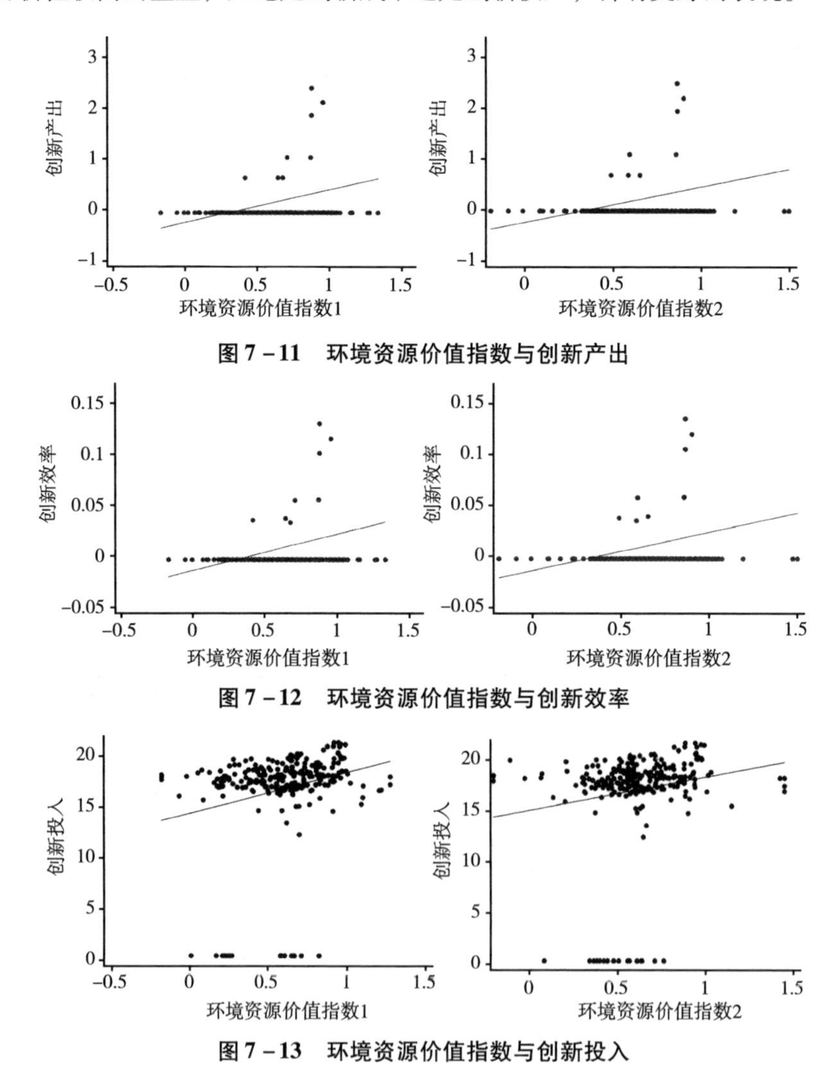

图7-11　环境资源价值指数与创新产出

图7-12　环境资源价值指数与创新效率

图7-13　环境资源价值指数与创新投入

表 7－13　企业环境资源价值与创新效果

	创新产出						创新效率					
	(1)	(2)	(3)	(4)	(5)	(6)	(7)	(8)	(9)	(10)	(11)	(12)
Score1	0.653***	0.616***	0.583***				0.037***	0.036***	0.034***			
	(0.000)	(0.000)	(0.000)				(0.000)	(0.000)	(0.000)			
Score2				0.683***	0.656***	0.619***				0.037***	0.038***	0.035***
				(0.000)	(0.000)	(0.000)				(0.000)	(0.000)	(0.000)
Size		−0.041	−0.038		−0.026	−0.022		−0.002	−0.002		−0.001	−0.001
		(0.150)	(0.190)		(0.354)	(0.440)		(0.364)	(0.333)		(0.556)	(0.531)
Lev		0.977***	0.957***		0.910***	0.892***		0.056***	0.057***		0.054***	0.055***
		(0.000)	(0.000)		(0.000)	(0.000)		(0.000)	(0.000)		(0.000)	(0.000)
ROA		0.597	0.653		0.830*	0.865**		0.030	0.036		0.047*	0.051**
		(0.161)	(0.111)		(0.059)	(0.039)		(0.228)	(0.144)		(0.071)	(0.042)
Market		0.052***	0.038**		0.051***	0.038**		0.003***	0.002**		0.003***	0.002*
		(0.006)	(0.039)		(0.007)	(0.040)		(0.004)	(0.040)		(0.006)	(0.051)
Mrate		2.436***	2.327***		2.438***	2.368***		0.163***	0.158***		0.163***	0.160***
		(0.000)	(0.001)		(0.000)	(0.001)		(0.000)	(0.000)		(0.000)	(0.000)
Dual		0.188**	0.192**		0.213**	0.215**		0.011**	0.012**		0.013**	0.013**
		(0.046)	(0.038)		(0.025)	(0.022)		(0.033)	(0.027)		(0.019)	(0.016)

续表

	创新产出						创新效率					
	(1)	(2)	(3)	(4)	(5)	(6)	(7)	(8)	(9)	(10)	(11)	(12)
OC		-0.890*** (0.000)	-0.903*** (0.000)		-0.926*** (0.000)	-0.943*** (0.000)		-0.047*** (0.000)	-0.047*** (0.000)		-0.049*** (0.000)	-0.049*** (0.000)
LnListAge		-0.654*** (0.000)	-0.639*** (0.000)		-0.656*** (0.000)	-0.640*** (0.000)		-0.037*** (0.000)	-0.036*** (0.000)		-0.037*** (0.000)	-0.036*** (0.000)
_cons	-0.196*** (0.000)	1.320* (0.054)	1.502** (0.025)	-0.227*** (0.004)	0.982 (0.150)	1.149* (0.087)	-0.011*** (0.001)	0.051 (0.230)	0.069 (0.104)	-0.012*** (0.008)	0.039 (0.372)	0.056 (0.195)
N	279	273	273	279	273	273	262	257	257	262	257	257
Ind	No	No	Yes	No	No	Yes	No	No	Yes	No	No	Yes
Year	No	No	Yes	No	No	Yes	No	No	Yes	No	No	Yes
r^2_a	0.071	0.372	0.377	0.062	0.369	0.374	0.067	0.384	0.390	0.059	0.380	0.386

注：括号中的数值为 p 值，*、**、*** 分别表示 10%、5% 和 1% 的显著性水平。

表7－14　　企业环境资源价值与创新投入

	创新投入					
	(1)	(2)	(3)	(4)	(5)	(6)
Score1	4.003*** (0.000)	2.739*** (0.002)	2.954*** (0.001)			
Score2				3.193*** (0.002)	2.725*** (0.003)	2.984*** (0.001)
Size		2.215*** (0.000)	2.188*** (0.000)		2.293*** (0.000)	2.276*** (0.000)
Lev		－5.698** (0.010)	－5.810*** (0.009)		－6.001*** (0.008)	－6.139*** (0.007)
ROA		－7.033** (0.048)	－7.776** (0.031)		－6.049* (0.085)	－6.729* (0.059)
Market		1.217*** (0.000)	1.271*** (0.000)		1.213*** (0.000)	1.269*** (0.000)
Mrate		5.917 (0.435)	6.405 (0.361)		6.055 (0.428)	6.687 (0.345)
Dual		－0.246 (0.639)	－0.198 (0.714)		－0.139 (0.791)	－0.086 (0.873)
OC		2.046 (0.292)	2.107 (0.288)		1.854 (0.344)	1.881 (0.348)
LnListAge		－0.860** (0.026)	－0.980** (0.015)		－0.878** (0.022)	－0.993** (0.013)
_cons	14.328*** (0.000)	－40.048*** (0.000)	－40.297*** (0.000)	14.818*** (0.000)	－41.621*** (0.000)	－42.116*** (0.000)
N	279	273	273	279	273	273
Ind	No	No	Yes	No	No	Yes
Year	No	No	Yes	No	No	Yes
Adj－R^2	0.056	0.344	0.347	0.027	0.340	0.343

注：括号中的数值为p值，*、**、***分别表示10%、5%和1%的显著性水平。

7.4 内生性问题——政府监管政策的工具变量

由于 Score1 和 Score2 是本章根据有关行政指引提出的企业环境资源管理相关的信息披露内容构建的评价企业环境资源价值的指数，可能会存在数据偏误或与企业经营绩效和成本存在伪关系。因此，这里选择政府监管政策作为外生工具变量进行进一步验证。本章选择 2015 年修订后的《环境保护法》作为影响外生工具变量（HB），其合理性在于：首先，《环境保护法》的颁布不受企业层面个体特征的影响，企业也不能直接预见法律的颁布以及产生的影响，因此《环境保护法》的颁布不会直接对企业经营业绩和成本产生影响。第二，《环境保护法》会通过提高政府监管影响企业环境资源价值，即 Score1 和 Score2。第三，《环境保护法》的颁布与影响企业层面的其他误差项不相关。本章选取 2015 年 1 月正式施行的《环境保护法》作为企业资源价值指数的外生工具变量，再次对企业的经营业绩、成本、政府补助、债务、创新等方面进行检验，表 7－15 和表 7－16 中，我们对 Score1 和 Score2 进行第一阶段检验，我们发现《环境保护法》的颁布可以显著提高企业环境资源价值指数（Score1、Score2），即通过第一阶段检验。在此基础上，企业环境资源价值指数对企业的影响如表 7－15 至表 7－19 所示，结果基本与前文一致，说明前文的检验结果是稳健的。

表 7－15 企业环境资源价值（Score1）与经营绩效、经营成本（工具变量）

	Score1	营业收入增长率	Return	Risk	营业成本率
HB	0.120* (0.079)				
Score1		0.212* (0.099)	−0.395 (0.170)	−0.040 (0.386)	0.025 (0.666)

续表

	Score1	营业收入增长率	Return	Risk	营业成本率
Size		-0. 014 (0. 471)	0. 019 (0. 648)	0. 002 (0. 787)	-0. 035 *** (0. 000)
Lev		0. 117 (0. 234)	0. 231 (0. 288)	0. 021 (0. 538)	0. 258 *** (0. 000)
ROA		0. 130 (0. 578)	-0. 149 (0. 773)	-0. 149 * (0. 071)	-0. 615 *** (0. 000)
Market		0. 035 *** (0. 000)	0. 023 (0. 300)	0. 002 (0. 637)	-0. 011 ** (0. 012)
Mrate		-0. 931 *** (0. 009)	0. 226 (0. 772)	-0. 011 (0. 928)	-0. 866 *** (0. 000)
Dual		0. 000 (0. 992)	-0. 019 (0. 778)	-0. 013 (0. 220)	-0. 073 *** (0. 000)
OC		-0. 245 ** (0. 031)	-0. 043 (0. 864)	-0. 047 (0. 241)	0. 139 *** (0. 007)
LnListAge		-0. 128 *** (0. 000)	-0. 019 (0. 801)	0. 014 (0. 263)	0. 027 * (0. 080)
Treturn			0. 475 *** (0. 000)		
_cons	0. 587 *** (0. 000)	0. 290 (0. 456)	-0. 210 (0. 806)	-0. 048 (0. 731)	1. 541 *** (0. 000)
Ind	Yes	Yes	Yes	Yes	Yes
Year	Yes	Yes	Yes	Yes	Yes
N	250	245	244	242	245
Adj - R^2	0. 009	0. 127	0. 019	0. 050	0. 587

注：括号中的数值为 p 值，*、**、*** 分别表示 10%、5% 和 1% 的显著性水平。

表7－16　企业环境资源价值（Score2）与经营绩效、经营成本（工具变量）

	Score2	营业收入增长率	Return	Risk	营业成本率
HB	0.119** (0.033)				
Score2		0.183 (0.191)	－0.305 (0.338)	－0.043 (0.395)	0.058 (0.373)
Size		－0.006 (0.730)	0.003 (0.940)	0.001 (0.890)	－0.036*** (0.000)
Lev		0.083 (0.374)	0.299 (0.143)	0.027 (0.421)	0.258*** (0.000)
ROA		0.188 (0.427)	－0.246 (0.633)	－0.163* (0.055)	－0.595*** (0.000)
Market		0.034*** (0.000)	0.024 (0.257)	0.002 (0.629)	－0.010** (0.017)
Mrate		－0.924*** (0.009)	0.205 (0.790)	－0.010 (0.936)	－0.878*** (0.000)
Dual		0.009 (0.752)	－0.035 (0.596)	－0.015 (0.162)	－0.071*** (0.000)
OC		－0.257** (0.023)	－0.018 (0.941)	－0.046 (0.256)	0.140*** (0.007)
LnListAge		－0.126*** (0.000)	－0.025 (0.733)	0.014 (0.269)	0.026* (0.094)
Treturn			0.479*** (0.000)		
_cons	0.610*** (0.000)	0.148 (0.687)	0.068 (0.933)	－0.026 (0.845)	1.542*** (0.000)
Ind	Yes	Yes	Yes	Yes	Yes
Year	Yes	Yes	Yes	Yes	Yes
N	250	245	244	242	245
Adj－R^2	0.019	0.136	0.048	0.044	0.574

注：括号中的数值为p值，*、**、***分别表示10%、5%和1%的显著性水平。

表7-17 企业环境资源价值与政府补助、经营效率（工具变量）

	政府补助	政府补助	总资产周转率	总资产周转率
HB				
Score1	3.715** (0.031)		1.695* (0.080)	
Score2		4.218** (0.025)		1.700 (0.102)
Size	0.399 (0.115)	0.477** (0.040)	-0.048 (0.734)	-0.000 (1.000)
Lev	2.286* (0.083)	1.813 (0.147)	0.378 (0.608)	0.134 (0.846)
ROA	-1.190 (0.702)	0.188 (0.953)	4.854*** (0.006)	5.404*** (0.002)
Market	0.259** (0.040)	0.258** (0.039)	0.154** (0.029)	0.151** (0.029)
Mrate	16.511*** (0.001)	16.296*** (0.001)	-3.686 (0.164)	-3.710 (0.154)
Dual	0.005 (0.990)	0.193 (0.631)	-0.473** (0.037)	-0.393* (0.077)
OC	2.656* (0.080)	2.513* (0.095)	2.877*** (0.001)	2.796*** (0.001)
LnListAge	-0.437 (0.333)	-0.424 (0.344)	-0.074 (0.770)	-0.060 (0.807)
_cons	1.899 (0.715)	-0.089 (0.985)	0.734 (0.801)	-0.285 (0.916)
N	245	245	245	245
Ind	Yes	Yes	Yes	Yes
Year	Yes	Yes	Yes	Yes
Adj-R^2	0.012	0.022	0.092	0.127

注：括号中的数值为p值，*、**、***分别表示10%、5%和1%的显著性水平。

表 7-18　　企业环境资源价值与企业融资（工具变量）

	债务融资成本	债务融资成本	短期借款	短期借款	长期借款	长期借款
Score1	-0.596** (0.011)		0.016 (0.764)		0.074* (0.092)	
Score2		-0.538** (0.029)		0.006 (0.916)		0.080 (0.104)
Size	0.007 (0.847)	-0.014 (0.633)	-0.000 (0.994)	0.001 (0.896)	0.019*** (0.005)	0.021*** (0.001)
Lev	-0.080 (0.651)	0.009 (0.955)	0.407*** (0.000)	0.404*** (0.000)	0.148*** (0.000)	0.137*** (0.000)
ROA	-0.994** (0.018)	-1.172*** (0.005)	-0.180* (0.056)	-0.178* (0.065)	-0.008 (0.922)	0.016 (0.853)
Market	0.019 (0.264)	0.020 (0.219)	0.002 (0.589)	0.002 (0.617)	0.000 (0.976)	0.000 (0.983)
Mrate	-0.795 (0.205)	-0.802 (0.184)	-0.132 (0.350)	-0.129 (0.364)	0.184 (0.147)	0.181 (0.161)
Dual	0.068 (0.204)	0.041 (0.423)	0.018 (0.135)	0.019 (0.128)	-0.009 (0.435)	-0.005 (0.677)
OC	-0.362* (0.074)	-0.329* (0.089)	-0.008 (0.868)	-0.009 (0.844)	0.012 (0.764)	0.009 (0.829)
LnListAge	-0.109* (0.084)	-0.118* (0.050)	-0.044*** (0.001)	-0.043*** (0.002)	-0.016 (0.182)	-0.016 (0.189)
_cons	0.559 (0.443)	0.981 (0.136)	0.058 (0.711)	0.044 (0.769)	-0.472*** (0.001)	-0.514*** (0.000)
N	239	239	245	245	228	228
Ind	Yes	Yes	Yes	Yes	Yes	Yes
Year	Yes	Yes	Yes	Yes	Yes	Yes
$Adj-R^2$	0.000	0.013	0.509	0.506	0.116	0.095

注：括号中的数值为 p 值，*、**、*** 分别表示 10%、5% 和 1% 的显著性水平。

表7-19 企业环境资源价值与创新（工具变量）

	创新产出	创新产出	创新效率	创新效率	创新投入	创新投入
Score1	1.055*** (0.001)		0.084*** (0.000)		3.917* (0.072)	
Score2		1.210*** (0.001)		0.083*** (0.000)		2.764 (0.244)
Size	-0.078 (0.126)	-0.057 (0.233)	-0.004 (0.175)	-0.003 (0.356)	2.117*** (0.000)	2.291*** (0.000)
Lev	1.031*** (0.000)	0.916*** (0.000)	0.055*** (0.001)	0.051*** (0.002)	-5.554*** (0.001)	-6.000*** (0.000)
ROA	0.553 (0.393)	0.974 (0.141)	0.015 (0.718)	0.052 (0.181)	-7.150 (0.100)	-6.039 (0.168)
Market	0.056** (0.031)	0.055** (0.034)	0.004*** (0.009)	0.004** (0.014)	1.228*** (0.000)	1.213*** (0.000)
Mrate	2.117** (0.032)	2.061** (0.039)	0.127** (0.044)	0.132** (0.033)	5.061 (0.443)	6.028 (0.361)
Dual	0.176** (0.028)	0.218*** (0.007)	0.010** (0.033)	0.013*** (0.005)	-0.279 (0.600)	-0.139 (0.793)
OC	-0.779** (0.015)	-0.823** (0.010)	-0.035* (0.069)	-0.040** (0.032)	2.346 (0.273)	1.861 (0.379)
LnListAge	-0.630*** (0.000)	-0.630*** (0.000)	-0.035*** (0.000)	-0.036*** (0.000)	-0.796 (0.143)	-0.876 (0.106)
_cons	1.738* (0.096)	1.194 (0.240)	0.061 (0.349)	0.034 (0.598)	-38.925*** (0.000)	-41.606*** (0.000)
N	273	273	257	257	273	273
Ind	Yes	Yes	Yes	Yes	Yes	Yes
Year	Yes	Yes	Yes	Yes	Yes	Yes
$Adj-R^2$	0.340	0.326	0.263	0.289	0.339	0.340

注：括号中的数值为p值，*、**、***分别表示10%、5%和1%的显著性水平。

第 8 章　企业环境资源价值报告指引

基于前文的指标构建以及经济后果和影响路径的研究，结合美国、日本、中国等主要经济体企业环境监管和评价体系的实践，我们对企业环境资源价值报告需要披露的内容进行了设计。值得注意的是，下面列示的一些指标并没有包含在我们的实证研究中，这是受到数据可获得性的限制。另外，在正面路径研究中，企业环境资源价值综合指数的检验结果更好，因此我们认为，对于一些核心指标，企业应该进行详细的重点披露。

8.1　企业环境资源控制列示和报告

本书研究表明，企业环境资源管理的控制指标包括企业环境保护意识和理念，与环保相关的制度或者组织结构，宣传和培训，与环保相关的投资实践、环保设备运行情况以及采取的改进措施四个方面。为此，本章从这四个方面列示了一些主要的三级指标，在环境保护意识和理念方面，主要包括公司是否获得 ISO14001 或其他类似认证、是否实行“三同时”和建设项目规定程序、环境资源内外部审计情况、自行检测情况和自行监测信息公开情况。与环保相关的制度或者组织结构包括企业内部环境审计师数量；环保机构设置、人员、制度；环境风险和机会的识别流程；环境相关问题解决流程。特别地，环保机构的独立性和权威性，以及环境风险和机会的识别流程是其中重要的三级指标。环保宣传和培训包括员工环保培训次数与参会率、公司环保机构向董事会报告次数、公司环保机构向利益相关者报告和咨询次数、与社区的合作以及社区支持情况、受到相关环保部门的环境奖励情况、环境志愿活动的员工参与人数和参与率、公司对环境保护活动表彰情况。其中，公司环保机构向利益相关者报告和咨询次数、受到相关环保部门的环境奖励情况是非常重要的三级指标，企业应该进行详细的披露。

在企业环境资源管理的控制指标方面，环保投资与实践是最重要的次级指标。包括企业环保投资、企业运营实践和生态保护实践三个三级指标。其中，企业环保投资包括环境相关研究与开发经费投入、公司获得的环境相关专利数量、公司给予环保组织的资金支持金额三个四级指标；企业运营实践包括拥有环境管理系统的场所数、排污许可证、排污申报、排污费缴纳、污染治理设施运行和排污口规范化整治六个四级指标；生态保护实践包括选址布局中的生态保护、开发建设中的生态保护和资源利用中的生态保护三个四级指标。其中，环境相关研究与开发经费投入、公司获得的环境相关专利数量、资源利用中的生态保护是重要的四级指标，企业应该进行详细的披露，如表8－1所示。

表8－1　　环境资源控制指标

指标类型	次级指标	三级或者四级指标
环境资源管理控制	环保意识与理念	ISO14001或其他类似认证
		实行“三同时”和建设项目规定程序
		环境资源内外部审计情况
		自行检测情况
		自行监测信息公开
	环保制度与组织	内部环境审计师数量
		环保机构设置、人员、制度
		环境风险和机会的识别流程
		环境相关问题解决流程

续表

指标类型	次级指标	三级或者四级指标	
环境资源管理控制	环保宣传与培训	员工培训次数与参会率	
		员工主动性	
		向董事会报告次数	
		向利益相关者报告和咨询次数	
		与社区的合作以及社区支持情况	
		受到相关环保部门的环境奖励情况	
		环境志愿活动的员工参与人数和参与率	
		环境保护活动表彰情况	
	环保投资与实践	环保投资	环境相关研究与开发经费投入
			环境相关专利数量
			给予环保组织的资金支持金额
		企业运营实践	拥有环境管理系统的场所数
			排污许可证
			排污申报
			排污费缴纳
			污染治理设施运行
			排污口规范化整治
		生态保护实践	选址布局中的生态保护
			开发建设中的生态保护
			资源利用中的生态保护

8.2 企业环境资源绩效列示和报告

企业环境资源绩效指标包括基于全产业链的环境绩效指标和社会影响，如表 8 -2 所示。上游部门的环境绩效指标包括原材料采购的环境绩效指标和供应商环境表现，而原材料采购的环境绩效指标则包括回收用料量、危险或有毒原料量。在公司投入环境资源方面，则包括原材料投

入、水资源投入、能源消耗、土地受损和修复。

表 8－2　　　　　　　　环境资源绩效指标

阶段		指标类别	次级指标
企业生产	上游部门	原材料采购	回收用料量
			危险或有毒原料量
		供应商环境表现	评价内容相同
	投入	原材料	材料使用用量
			危险或有毒材料使用量
			包装物设计及用料
		水资源	总用水量
		能源	总燃料使用量
			运输能源用量
			清洁能源用量占比
		土地	受损土地占总占用土地面积
			预计总修复成本
	污染物产出	大气污染物	温室气体排放量
			VOCs 总排放量
			NOX、SOX、CO
			PM2.5、PM10
			有毒气体
			气味
			辐射
			粉尘
		水污染物	工业废水排放量
			COD、BOD
			有毒物质
			固体悬浮物总量
			营养物
			径流带来的沉淀物
			病原体
			处理净化后污染物含量

续表

阶段		指标类别	次级指标
企业生产	污染物产出	一般固体废物	产生的垃圾种类
			垃圾处置方法
			重复与循环使用
		噪声、震动污染	分贝数
		危险废弃物管理	废物排放总量
			废物毒性度
	下游部门	产品	环保产品数量占总产品数量的比例
			产品设计过程适用的环境评估标准
			产品处置回收产生的污染物排放
社会影响	行政处罚	次数、金额	
	环境违法行为	次数、严重性	
	突发环境事件		
	群众投诉		

污染物产出方面是重要的企业环境资源绩效指标，包括大气污染物，水污染物，一般固体废物，噪声、震动污染和危险废弃物管理。大气污染物包括温室气体排放量、VOCs 总排放量、NOX 排放量、SOX 排放量、CO 排放量、PM2.5 排放量、PM10 排放量、有毒气体排放量、辐射和粉尘排放量。水污染物包括工业废水排放量、COD 排放量、BOD 排放量、有毒物质排放量、固体悬浮物总量、径流带来的沉淀物排放量、病原体排放量、处理净化后污染物含量。在这些污染物排放方面，至少应该披露执行标准名称、监测日期、监测点流量（吨/天）、监测项目（污染物）名称、污染物浓度、污染物标准限值、单位、是否达标、达标的安全边界［安全边界 =（污染物标准限值 - 污染物浓度）/污染物标准限值 × 100%］，同时需要列示上年度同期的相关绩效指标，并披露引起这些指标变化的相关原因。另外，在政府环保部门进行环保检测的情况下，公司自行监测信息与环保部门检测信息是否存在差异、差异的大小以及原

因是重要的内容，企业应该进行详细的披露。

在下游部门的产品环境资源方面，主要包括环保产品数量占总产品数量的比例、产品设计过程适用的环境评估标准和产品处置回收产生的污染物排放。其中，产品处置回收产生的污染物排放是重要指标，企业应该进行详细的披露。在社会影响方面，包括行政处罚的次数和金额，环境违法行为、突发环境事件和群众投诉的次数和严重性，这些方面对企业环境绩效的声誉效应会产生重大影响，企业应该进行详细披露。

第9章　结论与政策建议

9.1　研究结论

遵循“计天下利”思想，在企业环境资源管理实践背景下，如何在企业环境资源管理中践行新时代下“开放性”的会计，相关探索具有重要的理论和实践价值。正如蕾切尔·卡森在“人类的代价”部分所指出[①]，“今天我们所关心的是一种潜伏在我们环境中的完全不同类型的灾害——这一灾害是在我们现代的生活方式发展起来之后由我们自己引入人类世界的”。以“人与环境交互”假定为逻辑起点，企业环境资源价值报告研究关注环境资源约束下可持续性价值的创造和报告，与传统经济、社会责任考察存在诸多不同之处，一些基本命题值得在当下的制度环境中予以阐述和论证。按照本书的基本逻辑和内容，研究形成以下基本观点：

（1）本书从企业环境管理措施和环境资源治理效果两方面构建企业环境资源价值指数，为企业环境绩效评价提供了参考。无论是经济总量分析中对于微观供给和需求的加总，还是“绿色”国民收入账户管理对于“自然资源的衰退和污染损害”的核算，宏观综合治理需要以微观的

① 蕾切尔·卡森．寂静的春天［M］．上海：上海译文出版社，2008．

价值报告为前提。本书通过建立企业环境资源价值指数对企业环境资源管理表现进行有效评价，该指数分别从资源控制和治理效果两方面进行评价，避免了以往扁平化的环境管理，促进企业纵深化环境管理，帮助企业明确环境管理职责和考核指标，指引企业从资源控制和事后治理全方位进行环境资源管理，提高企业环境资源管理绩效。

（2）政府监管是提高企业环境绩效、促进环境资源可持续发展的基本驱动因素。为了有效地规范企业环境投资和污染行为，促进企业环境绩效的提升和环境资源的可持续发展，我国政府颁布了一系列行政法规和指导意见。以2015年实施的《环境保护法》为例，本书研究表明，政府监管可以立竿见影地提升企业环境绩效，促进环境资源的可持续发展。

（3）企业环境绩效与企业经济绩效不是相互对立关系，而是相互促进关系。更好的环境资源管理投入以及更高质量的环境信息披露体系，可以帮助企业提高社会声誉、降低企业与外部的信息不对称程度，向外界传递利好信号，从而帮助企业获得市场竞争力，最终提高企业经济绩效。更好地履行环境资源保护责任，可以帮助企业获得更好的社会声誉和政府扶持，由此获得更多的政府补助、降低债务融资成本，同时可以提高企业创新产出和效率，帮助企业获得更强的市场竞争力。因此，企业环境资源管理绩效在促进社会可持续发展的同时，也可以帮助企业提高经济绩效，实现社会和企业的共赢。

（4）以企业可持续性价值创造能力为导向，从现行财务报告和独立报告中提炼环境资源因素，将其融入现有的价值报告理论体系，可构建新的价值报告体系。本书借鉴国外经验和现有企业环境管理绩效评价指标体系，构建了企业环境资源报告，帮助企业提高环境信息披露质量，明确企业披露明细，提高利益相关者对企业环境资源管理表现的监督。该体系将补充传统财务报告体系对于环境资本关注的缺乏，弥补独立报告中对财务维度关注的不足，强化战略与管控对于企业具体任务完成的重要性，提供综合的价值管理信息。

（5）企业环境绩效的经济资源配置功能是促进企业环境绩效与经济绩效良性互动的基础。从短期看，企业进行环境资源价值投资造成的成本增加会对企业短期绩效产生消极影响。但从长期来看，企业环境绩效的提升可以从融资、资源、补助三方面发挥资源配置功能，优化企业的经营环境，弥补短期成本增加带来的经济绩效下降，进而对企业的长期经济绩效产生积极影响。第一，环境绩效高的企业会面临更宽松的政府监管和融资审批，同时环境绩效的“声誉作用”有助于树立良好的企业形象，降低企业融资难度和成本；第二，在中国，政府掌握着企业经营的关键资源，环境资源价值高的企业具有更好的政企关系，有利于获得政府在资源和政策方面的支持，而环境绩效的“声誉作用”和政府支持的“信号作用”也有助于企业获得其他社会资源的支持；第三，《环境信息公开办法（试行)》第二十三条规定，对自愿公开企业环境行为信息且模范遵守环保法律法规的企业，环保部门可以给予相关的表彰和补助，而政府会根据企业的资源环境价值来决定其是否有资格获得政府补助以及具体的补助金额，资源环境价值较高的企业可以获得更多的政府补助，进而分散环境资源价值投资带来的经营风险。因此，从长期来看，企业环境绩效的资源配置作用可以优化企业的经营环境，帮助企业在成本、资源、风险等方面获取竞争优势，对企业经济绩效产生积极影响。

（6）企业环境绩效的创新驱动功能是促进企业环境绩效与经济绩效良性互动的关键。良好的环境绩效可以从企业内部和外部两方面发挥创新驱动作用：从企业内部来看，环境资源价值较高的企业更容易吸引高水平的人才，提高现有员工的组织认同感和工作满意度，为企业创新储存人力资本。因此，企业在环境资源方面表现越好，企业的创新氛围越浓厚。从企业外部来看，一方面，环境绩效好的企业更容易获得政府的支持，可以低成本地获得政府产业引导基金、绿色贷款、绿色债券融资等，进而缓解企业创新面临的融资约束问题；另一方面，环境绩效好的企业更容易获得绿色创新补贴、环保资金预算支持和科技三项费用预算支持，以劣后资金的方式参与政府引导基金的支持，进而提高企业创新失败的安全边界。环境绩效的创新驱动作用使环境资源价值较高的企业具有更好的创新表现，而创新对企业扩大竞争优势，在长期发展中获得超额利润至关重要。因此，良好的环境绩效可以通过影响企业创新表现作用于经济绩效，进而实现企业经济绩效与环境绩效的良性互动。

（7）企业环境绩效的声誉功能是促进企业环境绩效与经济绩效良性互动的助力。基于“声誉理论”，较低的企业环境资源价值（尤其是存在超标排放的企业或者环境事故应急措施缺乏的企业）会因为“环境污染诉讼可能性大”“经营风险高”等负面声誉的影响，受到更严格的政府、媒体以及社会公众监督，进而从“融资成本”“政企关系”“社会资源”以及“消费者支持”等方面对企业经营产生消极影响。相反，良好的企业环境绩效有助于形成企业的“道德声誉资本”，进而从“保险作用”和“优化经营环境”两方面实现环境绩效与经济绩效的良性互动：从保险作用的角度看，在利益相关者对企业的负面行为进行归因时，企业的道德声誉资本能够降低负面归因的可能性，减少额外的法律成本，从而对企业绩效发挥“保险作用”；从优化经营环境的角度看，良好的社会声誉可以从赢得监管者优待、吸引高质量人才、提高消费者忠诚度、促进企业销售、降低融资成本与难度以及提高经营效率等方面帮助企业营造更有利的经营环境，提升企业竞争力，进而对经济绩效产生积极影响。

9.2 政策建议

9.2.1 关于修改会计准则和建立环境资产负债数据库的建议

当前，我国环境污染问题相当严重，社会对环境治理寄予了很高的期待。会计的核心功能是确认和计量财富，并且影响财富的创造、分配以及高效利用，会计将在国家治理和社会可持续发展中发挥更大作用。本书研究表明，国家治理的关键是调整各方利益（包括经济利益、政治利益与社会利益等各个方面）；会计在利益调整中扮演重要角色，因此要推动会计为国家治理和社会可持续发展发挥更大作用。为此，我们提出如下建议：

（1）拓展会计计量财富的内容和方法。

习近平总书记于2014年10月3日在访问印度尼西亚时，发表《携手建设中国—东盟命运共同体》的重要演讲，指出“计利当计天下利”。当前，我国环境污染问题相当严重，社会对环境治理寄予了很高的期待。李克强总理在2015年政府工作报告中指出：“环境污染是民生之患、民心之痛，要铁腕治理”“打好节能减排和环境治理攻坚战”。

为充分发挥会计在环境治理中的积极作用，我们建议，从会计的角度看，根据“计天下利”的思想，拓展会计计量的内容和方法。在治理环境、调整相关利益关系时，需要完善会计确认和计量的标准，对环境治理相关的会计问题做出明确规定，使环境治理的责、权、利得到更加科学、规范、客观的界定和呈现。

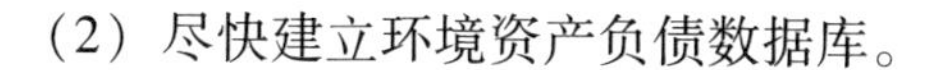

（2）尽快建立环境资产负债数据库。

关于环境资产负债的存量和增量，我国在宏观（全国）、中观（地方及行业）、微观（企业）三个层面均缺乏具体数据，严重制约了财政部和国家有关部门的宏观管理和科学决策。

因此，建议考虑由中国会计学会牵头，分地区、分行业进行环境资产与负债数据的收集、整理和分析，建立环境资产负债数据库，形成《中国环境资产负债白皮书》并定期发布。

（3）推动修改《国际财务报告概念框架》。

当前，新兴经济体已经成为全球经济增长的引擎，但其工业化进程也对全球生态环境造成了严重的影响，所以绿色经济成为当前经济增长转型的必由之路。我国作为新兴经济体中的重要力量，建议以“亚洲—大洋洲会计准则制定机构组”为平台，充分考虑转型经济国家在环境治理方面的特点和现实情况，率先提出并推动修改《国际财务报告概念框架》。具体包括：

第一，重视和强调基于人类社会可持续发展的受托责任和决策有用观，扩展受托责任与决策有用的内容和范围。

第二，会计主体假设不应局限于个别单一主体的财富计量，还应计算是否为整个社会创造了财富；持续经营假设应当拓展为“促进人类社会与自然的可持续发展”；货币计量假设应当明确将实物计量、物理计量等非货币计量方式作为货币计量的必要补充。

第三，将社会的可持续发展问题引入会计要素，例如在资产和负债要素中充分考虑环境的影响。

第四，将企业的社会责任融入现有的对外报告中，相对真实、可靠、全面地反映包括环境影响在内的经营状况及未来发展前景。

（4）尽早发布我国环境会计准则和规范。

目前，我国出台排放权会计准则或规范的时机已经成熟，建议借鉴国际经验，尽快出台我国排放权会计准则，着重解决排放权的确认、计量和报告问题；在此基础上，还要尽早研究制定除排放权以外的排污权会计准则或规范。

根据《环境保护法》的相关规定，建议考虑将部分自然资源纳入资产的范畴加以确认；同时确定环境投入的内涵与资本化或费用化标准。

确认和计量与环境相关的负债。建议对于引发未来经济利益流出导致环境负债的交易或事项，区分“法定义务”和“推定义务”加以考虑。

在对外报告的披露中，建议按照《环境保护法》中对企业环境信息披露义务的规定，明确披露的内容、方式和格式，提高信息披露的完整性。

9.2.2 以环保资金预算促进企业环境绩效与经济绩效良性互动的政策建议

本书研究表明，企业环境绩效的经济资源配置功能、创新驱动功能和声誉功能是激励企业进行环境治理的基本要素，这里进一步从环保资金预算视角提出促进企业环境绩效与经济绩效良性互动的政策建议。

(1) 环保治理预算协助完善地方官员政绩评价方式，强化习近平总书记“计利当计天下利”的思想。

现行的地方官员政绩评价具有一定的片面性，对环境治理绩效的考虑不足，使其在企业环境绩效正面调控方面的作用有限。因此，应该完善地方官员政绩评价方式，强化习近平总书记“计利当计天下利”的思想，树立一种“经济效益与环境效益相平衡”的全新政绩观。具体而言，根据中国环保治理的中长期计划、上一年环境污染的区域分布和环境治理情况，确定当年中国各区域的环保治理预算指标，作为当年各区域地方官员政绩考核的环保指标，该指标具有一票否决制，若区域未完成环

保治理预算指标，则当地官员政绩考核不合格。

（2）优化环保资金预算政策，增强地方官员在改善企业环境绩效方面的积极性。

在绿色GDP考核的基础上，可以给地方政府配套环保资金预算支持，以进一步增强其在改善企业环境绩效方面的积极性。为了进一步提高环保资金预算政策的效果，可采取以下措施：首先，根据上一年环境污染造成的经济损失总额，动态调整当年的环保资金预算总额。其次，根据上一年环境污染造成的经济损失的行业结构，优化和调整当年环保资金预算涉及的行业范围和构成。再次，通过历史纵向对比和其他地方政府横向对比，评估地方官员环保治理效果和环保资金使用效果，据此动态调整下一年地方的环保资金预算金额。最后，在其他环境治理支持政策方面，环保资金预算应该发挥支持和协助作用，以促进其他环境治理支持政策的执行效果。

（3）环保资金预算协助制定企业环境信息“报告指引”，评估和落实企业环境绩效的三大功能。

在环保资金预算的支持下，财政部应基于全产业链的逻辑充分调研企业现状，适时制定企业环境信息的“报告指引”，便于会计师事务所、媒体或其他利益相关者合理评估企业环境信息，更好地落实企业环境绩效的三大功能。基于“信息质量”要求和报告的“公共物品”属性，财政部应以部门规章的形式对企业环境信息披露提出内容及格式上的要求。报告应按照环境可持续性的思想，基于企业产品全产业链，充分披露企业环境资源控制措施、环境资源控制预算资金投入和实际资金投入、企业环境资源绩效和及其趋势等方面的信息。

（4）环保资金预算支持绿色融资、绿色补助和绿色税收优惠，促进企业环境绩效三大功能的实现。

企业环境绩效的三大功能主要取决于绿色信贷、绿色债券等绿色融资政策支持，以及绿色创新补助、绿色税收优惠的政策支持。因此，在绿色融资、绿色补助和绿色税收优惠执行的过程中，要发挥环保资金预算的支持作用：一方面，根据上一年绿色融资、绿色补助和绿色税收优惠总额和变化趋势，确定当年的环保资金预算支持总额；另一方面，根据上一年绿色融资、绿色补助和绿色税收优惠的结构和变化趋势，优化和调整当年环保资金预算支持涉及的具体结构。

（5）环保资金预算协助完善“市场化交易机制”，强化企业环境绩效的三大功能。

自2011年起，我国在7个省，市开展了碳排放权交易试点工作。碳排放交易制度的建立是对利用市场机制控制温室气体排放的重大探索，2018年我国碳排放强度比2005年下降45.8%，基本扭转了温室气体排放快速增长的局面。基于上述经验，在环保资金预算的支持和协助下，政府可以从以下方面进一步完善环境资源的“市场化交易机制”：交易对象扩充到废水、废气和固体废弃物中其他污染物的排放；考虑不同地区、行业间的差异，设置科学的配额分配及事后调整机制；完善各类排放权初始确认、收益计量、减值核算等方面的规则引导，以规范相关计量和报告；提高市场参与者的多元化程度、交易形式的多样性以及交易价格的合理化程度，以提高相关交易体系的流动性。

（6）环保资金预算支持会计师事务所对重污染企业环境信息进行审计，发挥事务所的治理作用。

在制定企业环境信息“报告指引”的基础上，环保资金预算应支持会计师事务所比照财务报告审计的要求，对重污染企业披露的环境报告进行审计并出具审计报告。一方面，发挥会计师事务所的“治理作用”，对企业环境相关的行为决策产生隐形约束；另一方面，保证环境报告信息的“及时性”“真实性”和“可靠性”，为投资者的监督与决策提供信息支持。

（7）环保资金预算支持媒体环保报道，发挥媒体的环境治理作用。

目前，我国的生态文明建设正处于压力叠加、负重前行的关键期，生态环境问题层出不穷、形式多样，仅靠单一的政府监管很难实现全面有效的监督。因此，应通过环保资金预算支持媒体环保报道，积极发挥媒体的“监督治理”作用，通过“声誉作用”和“奖优惩劣的资源配置作用”激励企业主动提升环境绩效，使媒体监督与政府监管有效互补，形成全社会共同推进环境保护的健康舆论监督氛围，确保打好污染防治攻坚战。

（8）通过环保资金预算专项提供环境资源审判庭经费，提高环境资源审判庭的执法效果。

2014年7月3日，我国最高人民法院设立专门的环境资源审判庭，以发挥社会大众的环境治理作用。然而，环境资源审判庭的人员经费和办公经费来源方面并没有明确的规定，这可能影响环境资源审判庭的人员独立性和判案独立性。因此，应该通过环保资金预算专项提供环境资源审判庭经费，以增强其独立性，提高其执法效果。

9.2.3 雄安新区白洋淀水资源环境治理的政策建议

本书研究表明，企业环境绩效的经济资源配置功能、创新驱动功能和声誉功能是激励企业进行环境治理的基本要素；地方官员环境绩效的晋升功能和声誉功能是激励官员进行环境治理的基本驱动要素。据此，如何通过政府政策改革激活企业环境绩效的三要素和地方官员环境绩效的两大驱动要素，是《白洋淀生态环境治理和保护规划（2018—2035年)》目标实现的关键。

（1）白洋淀工业企业水资源环境治理的政策建议。

第一，制定白洋淀工业企业水污染物排放标准。针对白洋淀水污染物的特点，根据《白洋淀生态环境治理和保护规划（2018—2035年)》，中央相关部委应该制定白洋淀工业企业水污染物排放标准。鉴于白洋淀在雄安新区的重要性，以及白洋淀水污染较为严重且不具备自我修复的特点，白洋淀工业企业水污染物排放标准应该从严制定，同时，不同的行业制定不同的标准。

第二，制定白洋淀工业企业水污染物的强制信息披露政策。为实现《白洋淀生态环境治理和保护规划（2018—2035 年）》的目标，中央相关部委应制定白洋淀工业企业水污染物的强制信息披露政策，每季度至少披露一次，同时从企业环境资源控制和环境资源绩效两方面进行披露，以便于政府和其他利益相关者对企业水污染物治理效应的评价。在企业环境资源控制方面，至少应该披露排污许可证、环保治理设备的改进和更新、排污口规范化，同时需要列示上年度同期的相关控制指标。在企业环境资源绩效指标方面，至少应该披露执行标准名称、监测日期、监测点流量（吨/天）、监测项目（污染物）名称、污染物浓度、污染物标准限值、污染物单位、是否达标、达标的安全边界［安全边界 =（污染物标准限值—污染物浓度）/污染物标准限值 ×100%］，同时需要列示上年度同期的相关绩效指标，并披露引起这些指标变化的相关原因。

第三，进行白洋淀工业企业水污染物信息的强制性双重审计。在白洋淀工业企业水污染物的强制信息披露政策和内容的基础上，每半年要求会计师事务所和国家审计机关对企业的环境信息进行审计，并出具审计报告。可以首先在部分重污染企业进行试点，要求会计师事务所和国家审计机关对企业披露的水污染物信息进行审计并出具审计报告，发挥会计师事务所和国家审计的“治理作用”，对企业环境相关的行为决策产生隐形约束，同时保证水污染物信息的“及时性”“真实性”和“可靠性”，为利益相关者的监督与决策提供信息支持。待相关制度完善后，向所有的污染企业进行推广。

第四，通过锦标制的奖惩政策引导白洋淀工业企业进行环境治理。

为激励白洋淀工业企业提升环境治理效果，缓解环境治理带来的企业成本上升，政府部门应该强化企业环境治理的经济资源配置功能。一方面，通过“对列入重点污染防治和生态保护的项目给予资金支持”“利用废水作为原料进行生产的，5年内减征或免征所得税”“建设污水处理厂、资源综合利用等项目，固定资产投资方向调节税实行零税率”等政府补助与税收优惠政策，降低企业承担环境保护责任的负担，对企业形成正面激励，从而提升企业环境治理的积极性。另一方面，对白洋淀工业企业环境资源绩效指标中存在污染物排放不达标（即污染物浓度超过污染物标准限值）的企业进行关停并转；对于剩下的企业，按照企业环境资源绩效指标中安全边界的平均值（安全边界的中位数）进行排序，对于表现优秀的部分企业给予经济资源方面的政策支持和倾斜，例如在土地资源分配、环保信贷资源分配、政府项目采购时，优先考虑这些企业。

第五，通过政府补助和其他资金支持协助白洋淀工业企业进行环境治理的技术创新。企业进行环境治理通常会耗费一定的成本，从而对企业的经济绩效产生负面的影响。为了规避企业经济绩效和环境绩效的冲突，实现二者良性互动，企业环境技术创新是关键。因此，应该通过政府补助和其他资金支持协助企业进行环境治理的技术创新。一方面，环境技术创新需要较多的资金投入，通过鼓励并加大绿色信贷和财政资金对白洋淀工业企业环境技术创新的资金支持，以缓解企业环境技术创新资金短缺的问题。另一方面，环境技术创新投资存在较高的不确定性和风险，政府应当充分发挥对白洋淀工业企业环境技术创新的“风险分担”作用，提高企业环境技术创新失败的安全边界，进而激励企业进行更多的环境技术创新活动。从雄安新区政府自身提供补助来看，可针对白洋淀工业企业，继续加大财政科技专项资金扶持力度；完善“研发费用加计扣除”“固定资产加速折旧”等普惠性税收措施；政府产业引导基金作为劣后资金的方式，主动承担创新风险，充分发挥政府对企业创新投入的“分摊”作用，提高企业创新的积极性。

第六，通过构建“水污染物市场化交易机制”激励白洋淀工业企业进行环境治理。雄安新区政府应积极构建“水污染物市场化交易机制”，以更好地发挥企业环境绩效的经济资源配置功能和声誉功能，从而促进白洋淀工业企业环境绩效和经济绩效的良性互动。借助于碳排放权市场的经验，雄安新区政府可以从以下三方面积极推动和完善水污染物排放权交易市场的建立：考虑行业间的差异，设置科学的配额分配及事后调整机制；完善各类排放权初始确认、收益计量、减值核算等方面的规则引导，以规范相关计量和报告；提高市场参与者的多元化程度、交易形式的多样性以及交易价格的合理化程度，以提高相关交易体系的流动性。通过建立和完善雄安新区“水污染物市场化交易机制”，促进白洋淀工业企业环境绩效和经济绩效的良性互动。

第七，要求中央和地方权威媒体对白洋淀工业企业水污染治理情况进行实时报道。中央和地方权威媒体对白洋淀工业企业水污染治理情况的实时报道，会使企业水污染治理情况受到各类利益相关者的广泛关注，并通过引导利益相关者响应的方式使事件对企业的影响被放大，通过影响“员工工作的积极性”以及“企业声誉”对企业的经营效率、销售表现产生影响，最终影响企业的经济绩效。因此，媒体监督是推动白洋淀工业企业水污染治理的重要方式。当前，白洋淀生态文明建设正处于压力叠加、负重前行的关键期，水污染环境问题较多、形式多样。仅靠雄安新区政府很难实现全面有效的监督，应当积极发挥中央和地方权威媒体的“监督治理”作用，通过“声誉作用”约束企业主动提升环境治理效果，使媒体监督与政府监管有效互补，形成全社会共同推进环境保护的健康舆论监督氛围，确保打好水污染防治攻坚战。因此，中央和地方权威媒体应对白洋淀工业企业水污染治理情况进行实时报道，以更好地发挥企业环境绩效的经济资源配置功能和声誉功能，激励企业积极主动

进行水污染环境治理。

（2）白洋淀政府部门水资源环境治理的政策建议。

第一，制定白洋淀不同水域的质量改进标准。针对白洋淀水域涉及的县、镇，对白洋淀水域进行划分，以将白洋淀各水域水资源治理落实到对应的监管政府。在此基础上，针对白洋淀水污染物的特点，根据《白洋淀生态环境治理和保护规划（2018—2035 年）》，中央相关部委应该制定白洋淀不同水域的质量改进标准。

第二，禁止居民用水直接进入白洋淀并修建相应的污水处理厂。禁止居民用水直接进入白洋淀，并以居民自身作为主要责任人，所在的村镇干部为领导责任人。同时，为了方便居民用水的合理排放，雄安新区政府应该以县、镇为单位，为居民修建生活用水污水管以及对应的污水处理厂。

第三，制定白洋淀水域质量和质量改进的强制信息披露政策。为实现《白洋淀生态环境治理和保护规划（2018—2035 年）》的目标，中央相关部委应制定白洋淀水域质量和质量改进的强制信息披露政策，每季度至少披露一次，以便于上一级政府和其他利益相关者对白洋淀水域治理情况的评价。在白洋淀水域的质量方面，至少应该披露执行标准名称、监测日期、监测点、监测项目（氨氮、硫化物、PH 值、生化需氧量等污染物）名称、污染物浓度、污染物标准限值、污染物单位、是否达标、达标的安全边界［安全边界 =（污染物标准限值 - 污染物浓度）/污染物标准限值 ×100%］，同时需要列示上年度同期的相关绩效指标，以及水域质量的改变情况，并披露引起这些指标变化的相关原因。

第四，进行白洋淀水域质量的强制性双重审计。为了保证评价数据客观、可行，一是要保证白洋淀水域可以被独立地观测，二是要保证水资源基础统计数据完整可靠。目前白洋淀水资源及质量的影响可以被清晰地界定，治理的任务、管理的部门均较为明确。但是，鉴于“九龙治水”、数据失真、监管低效等状况，每半年要求会计师事务所和国家审计机关对白洋淀水域数据和信息进行审计，出具审计报告并及时对外公开披露。

第五，通过锦标制的奖惩政策激励政府官员进行白洋淀水域的环境治理。白洋淀水域的治理效果在很大程度上取决于白洋淀不同区域的政府官员，因此，激励不同区域的官员进行环境治理具有重要的意义。把水资源环境提升作为白洋淀各级管理部门“一把手”直接负责的重点工作，落实助力于责任追究的河（湖）长责任制，切实加强组织领导和工作部署，健全水治理依法合规工作责任制和问责制，并与各级官员的绩效和晋升相联系。一方面，对白洋淀水域监测项目指标中不达标（即污染物浓度超过污染物标准限值）的直接官员进行批评等问责；对于其余的白洋淀水域，按照监测项目指标安全边界的平均值（安全边界的中位数）进行排序，对于表现优秀的直接官员给予表扬和奖励，并在官员晋升时作为一项重要的考核指标，以发挥地方官员环境绩效的晋升功能。

第六，要求中央和地方权威媒体对白洋淀水域的质量和质量改进情况进行实时报道。中央和地方权威媒体对白洋淀水域水污染治理情况的实时报道和比较，有助于上级政府和各利益相关者进一步了解白洋淀水域的环境治理情况，同时影响白洋淀流域各级人民政府的环保声誉，从而能够对白洋淀流域各级人民政府产生直接的威慑和激励作用。因此，中央和地方权威媒体应对白洋淀水域水污染治理情况进行实时报道，以激活地方官员环境绩效的晋升功能和声誉功能，激励地方官员积极主动地进行水污染环境治理。

9.3 展　　望

未来研究的方向在于，运用“价值报告”和“环境资源价值指数”

方法对我国新兴发展区域进行环境资源管理评估，为党和国家的新政落实提供有效建议。

9.3.1 传统经济较发达地区的调研

在最近20多年里，中国是世界上经济增长最快的国家之一。以“胡焕庸线”为界的东南部约42.9%国土上居住着约94.2%人口，特有的地理经济差异，加之“人口和能源消耗的局部高密度”“压缩型－密集式”发展、基础资源“以煤为主”的三重叠加（贾康和苏京春，2015），使发达国家上百年工业化过程中分阶段出现的环境问题在我国集中显现，环境与发展的矛盾日益突出（张红凤等，2009）。这种环境经济问题的地域特征，使拟针对“京津冀”“长三角”和“珠三角”样本企业的环境经济状况评估尤显重要。从会计服务于可持续性价值创造的角度看，有效构建和提供此类地区的环境资源价值指数，对于宏观与微观环境决策意义重大。

在本书扩展研究的基础上，今后研究拟针对“京津冀”“长三角”和“珠三角”样本企业，进一步扩大问卷及档案数据量，采用更多的有效观测，评估环境价值指数评价的科学性，并与区域、行业的相关环境管理评价进行印证，检验指数的有效性。在前期研究中我们发现，样本企业的环境信息披露整体质量不高。“京津冀”和“长三角”52家医药上市公司和57家化工上市公司2016年度均选择性披露了环境管理及业绩状况，信息披露透明度低、准确性差，虽然行业企业均会做出有关可持续发展的环境战略声明，但是具体的环境管理、经营业绩和相关的社会影响往往语焉不详。质量不高的原因在于规章制度要求不同，如环保部2016年“国家重点监控企业名单”中的企业对于环境经营业绩的披露好于环境管理业绩的披露；原因还在于企业自身的重视程度不同，如央企国资企业相对民营企业的整体披露较好。考虑到国家监管重点、产权性质、行业特征和企业环境管理战略等的影响，为了提高指数的可靠性，今后围绕三个区域的调研，我们将进一步细化统计分类，以有效考察企业环境管理的真实状况。以上内容的调研和论证，将成为今后结合环境管制背景，进行环境资源会计实践的方向之一。

9.3.2 “雄安新区”的进一步调研

环境会计服务于企业的可持续性价值创造，同时助力于国家施政方略的有效落地。调研“雄安”的环境会计问题，为环境问题的解决提出会计方案及对策，是实现新区企业可持续发展的必要举措之一，也是“绿色生态宜居新城区”目标实现的现实选择。作为未来的“北京市行政副中心，疏解北京非首都功能集中承载地”，雄安有着重要的经济、政治战略定位，雄安的协调发展、可持续发展应该是该区域今后各项工作的基本要求。在今后的发展中，强化环境治理，保持“零污染”应该是当地政府、企业、公众的重要任务之一。但是，目前该地区的“环境管制是否规范、企业环境管理如何、公众的环境意识和参与水平怎样”，均需要有明确的认识，进而才可能使“该地区环境的治理和保持”有的放矢，使相关工作的开展有理、有据和有效。当然，这些工作的开展自然会为环境会计信息披露、环境会计核算、环境评价方法等方面提供新的经验和借鉴。

附录[①]：层次分析法结果

1. 企业环境资源会计指数层次结构

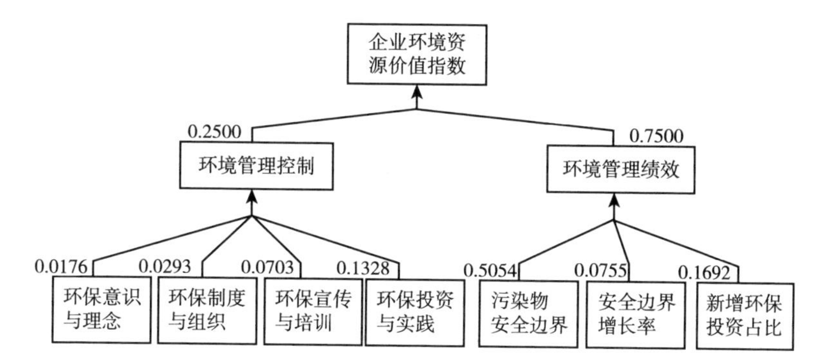

2. 方案层中要素对决策目标的排序权重

备选方案	权重
污染物安全边界	0. 5054
新增环保投资占比	0. 1692
环保投资与实践	0. 1328
安全边界增长率	0. 0755
环保宣传与培训	0. 0703
环保制度与组织	0. 0293
环保意识与理念	0. 0176

① 附录来自 AHP 软件直接输出的层次分析法结果。

3. 第1个中间层中要素对决策目标的排序权重

中间层要素	权重
环境管理绩效	0.7500
环境管理控制	0.2500

4. 企业环境资源价值指数，一致性比例：0.0000；对“企业环境资源会计指数”的权重：1.0000；λmax：2.0000

企业环境资源价值指数	环境管理控制	环境管理绩效	Wi
环境管理控制	1	1/3	0.25
环境管理绩效	3	1	0.75

5. 环境管理控制，一致性比例：0.0505；对“企业环境资源价值指数”的权重：0.2500；λmax：4.1349

环境管理控制	环保意识与理念	环保制度与组织	环保宣传与培训	环保投资与实践	Wi
环保意识与理念	1	1/2	1/5	1/5	0.0705
环保制度与组织	2	1	1/3	1/4	0.1172
环保宣传与培训	5	3	1	1/3	0.2811
环保投资与实践	5	4	3	1	0.5311

6. 环境管理绩效，一致性比例：0.0825；对“企业环境资源价值指数”的权重：0.7500；λmax：3.0858

环境管理绩效	污染物安全边界	安全边界增长率	新增环保投资占比	Wi
污染物安全边界	1	5	4	0.6738
安全边界增长率	1/5	1	1/3	0.1007
新增环保投资占比	1/4	3	1	0.2255

参考文献

包群，邵敏，杨大利，2013. 环境管制抑制了污染排放吗？[J]. 经济研究（12）：42－54.

毕茜，顾立盟，张济建，2015. 传统文化、环境制度与企业环境信息披露[J]. 会计研究（3）：12－19.

毕茜，彭珏，左永彦，2012. 环境信息披露制度、公司治理和环境信息披露[J]. 会计研究（7）：39－47.

曹越，陈文瑞，鲁昱，2017. 环境规制会影响公司的税负吗？[J]. 经济管理（7）：163－182.

陈丽蓉，韩彬，杨兴龙，2015. 企业社会责任与高管变更交互影响研究——基于A股上市公司的经验证据[J]. 会计研究（8）：57－64.

陈运森，谢德仁，2011. 网络位置、独立董事治理与投资效率[J]. 管理世界（7）：113－127.

仇永胜，黄环，2005. 美国水污染防治立法研究[C]. 江西赣州：2005年全国环境资源法学研讨会.

高建来，文晔，2015. 碳排放权交易会计的国际进展及借鉴[J]. 生态经济，31（4）：56－59.

顾英伟，付信侠，2012. 基于主成分分析法的碳市场交易机制影响因素[J]. 沈阳工业大学学报（社会科学版），5（3）：247－251.

管亚梅，孙响，2018. 环境管制、股权结构与企业环保投资[J]. 会计之友，592（16）：56－61.

郭红玲，2006. 国外企业社会责任与企业财务绩效关联性研究综述［J］. 生态经济（4）：83－86.

何玉，唐清亮，王开田，2014. 碳信息披露、碳业绩与资本成本［J］. 会计研究（1）：79－86.

胡珺，宋献中，王红建，2017. 非正式制度、家乡认同与企业环境治理［J］. 管理世界（3）：76－94.

黄珺，周春娜，2012. 股权结构、管理层行为对环境信息披露影响的实证研究——来自沪市重污染行业的经验证据［J］. 中国软科学（1）：133－143.

黄有光，2005. 福祉经济学［M］. 辽宁大连：东北财经大学出版社.

黎文靖，路晓燕，2015. 机构投资者关注企业的环境绩效吗？——来自我国重污染行业上市公司的经验证据［J］. 金融研究（12）：97－112.

李百兴，王博，卿小权，2018. 企业社会责任履行、媒体监督与财务绩效研究——基于A股重污染行业的经验数据［J］. 会计研究（7）：66－73.

李斌，彭星，欧阳铭珂，2013. 环境规制、绿色全要素生产率与中国工业发展方式转变——基于36个工业行业数据的实证研究［J］. 中国工业经济（4）：56－68.

李青原，黄威，王红建，2017. 最终控制人投资组合集中度、股票投资回报与对冲策略［J］. 金融研究（8）：149－164.

李维安，姜涛，2007. 公司治理与企业过度投资行为研究——来自中国上市公司的证据［J］. 财贸经济（12）：56－61.

李正，2006. 企业社会责任与企业价值的相关性研究——来自沪市上市公司的经验证据［J］. 中国工业经济（2）：77－83.

刘传江，侯伟丽，2006. 环境经济学［M］. 武汉：武汉大学出版社.

刘儒昞，2012. 心理契约视角下国有企业环境责任的博弈分析［J］.

企业经济 (4): 42-46.

刘尚林, 刘琳, 2011. 环境信息披露影响企业价值的理论研究框架 [J]. 财会月刊 (21): 6-8.

刘洋, 赵伟, 2012. 企业环境会计信息披露影响因素研究——以山东省重污染行业上市公司为例 [J]. 山东农业大学学报 (社会科学版), (4): 61-65.

刘运国, 刘梦宁, 2015. 雾霾影响了重污染企业的盈余管理吗?——基于政治成本假说的考察 [J]. 会计研究 (3): 26-33.

卢馨, 李建明, 2010. 中国上市公司环境信息披露的现状研究——以2007年和2008年沪市A股制造业上市公司为例 [J]. 审计与经济研究, 25 (3): 62-69.

罗党论, 赖再洪, 2016. 重污染企业投资与地方官员晋升——基于地级市1999-2010年数据的经验证据 [J]. 会计研究 (4): 42-48.

罗文兵, 邓明君, 2010. 德国《企业环境成本管理指南》之借鉴 [J]. 财会月刊: 综合版 (中), (3): 81-82.

聂金玲, 雷玲, 2015. 外部监督、内部压力与环境信息披露相关性实证研究——基于沪市重污染行业上市公司的数据 [J]. 财会通讯 (9): 72-75.

潘红波, 饶晓琼, 2019. 《环境保护法》, 制度环境与企业环境绩效 [J]. 山西财经大学学报 (3): 71-86.

彭珏, 郑开放, 魏晓博, 2014. 市场化进程, 终极控制人与环境信息披露 [J]. 现代财经: 天津财经大学学报 (6): 78-88.

齐晔, 张凌云, 2007. "绿色GDP" 在干部考核中的适用性分析 [J]. 中国行政管理 (12): 26-30.

秦荣, 2012. 环境污染外部性的内部化方式探讨 [J]. 资源节约与环保 (2): 68-69.

沈百鑫，付璐，2011. 德国污染场地治理的法律基础及对我国的启示［J］. 中国环境法治（2）：171－189.

沈洪涛，游家兴，刘江宏，2010. 再融资环保核查、环境信息披露与权益资本成本［J］. 金融研究（12）：159－172.

沈洪涛，冯杰，2012. 舆论监督、政府监管与企业环境信息披露［J］. 会计研究（2）：72－78.

沈洪涛，黄珍，郭肪汝，2014. 告白还是辩白——企业环境表现与环境信息披露关系研究［J］. 南开管理评论（2）：56－63.

石军伟，胡立君，付海艳，2009. 企业社会责任、社会资本与组织竞争优势：一个战略互动视角——基于中国转型期经验的实证研究［J］. 中国工业经济（11）：87－98.

孙佑海，2013.《环境保护法》修改的来龙去脉［J］. 环境保护（16）：17－20.

唐国平，李龙会，2011. 环境信息披露、投资者信心与公司价值——来自湖北省上市公司的经验证据［J］. 中南财经政法大学学报（6）：70－77.

唐国平，李龙会，吴德军，2013. 环境管制、行业属性与企业环保投资. 会计研究（6）：83－89.

唐久芳，李鹏飞，林晓华，2012. 社会责任报告与环境绩效信息披露的实证研究——来自中国证券市场化工行业的经验数据［J］. 宏观经济研究（1）：67－72.

陶春华，2016. 价值创造导向的企业碳资产管理研究［D］. 北京交通大学.

万建华，1998. 利益相关者管理［M］. 深圳：海天出版社.

王化成，2008. 中国上市公司盈余质量研究［M］. 北京：中国人民大学出版社.

王慧，2017. 论碳排放权的特许权本质［J］. 法制与社会发展，23

(6)：171－188.

王建明，2008. 环境信息披露、行业差异和外部制度压力相关性研究——来自我国沪市上市公司环境信息披露的经验证据［J］. 会计研究(6)：54－62.

王丽萍，2013. 发达国家环境技术创新的政策体系评析［J］. 现代经济探讨（4)：89－92.

王士红，2016. 所有权性质、高管背景特征与企业社会责任披露——基于中国上市公司的数据［J］. 会计研究（11)：53－60.

温素彬，方苑，2008. 企业社会责任与财务绩效关系的实证研究——利益相关者视角的面板数据分析［J］. 中国工业经济（10)：150－160.

吴春雷，2016. 基于可持续性价值创造的企业综合报告研究［D］. 北京交通大学.

吴红军，2014. 环境信息披露、环境绩效与权益资本成本［J］. 厦门大学学报（哲学社会科学版)，(3)：129－138.

肖华，张国清，2008. 公共压力与公司环境信息披露——基于“松花江事件”的经验研究［J］. 会计研究（5)：15－22.

叶陈刚，王孜，武剑锋，李惠，2015. 外部治理、环境信息披露与股权融资成本［J］. 南开管理评论，18（5)：85－96.

于忠泊，田高良，张咏梅，2012. 媒体关注、制度环境与盈余信息市场反应——对市场压力假设的再检验［J］. 会计研究（9)：40－51.

余明桂，李文贵，潘红波，2013. 管理者过度自信与企业风险承担［J］. 金融研究（1)：149－163.

余长林，高宏建，2015. 环境管制对中国环境污染的影响——基于隐性经济的视角［J］. 中国工业经济（7)：21－35.

张成福，党秀云，2007. 公共管理学［M］. 北京：中国人民大学出版社.

张萃，伍双霞，2017. 环境责任承担与企业绩效——理论与实证［J］. 工业技术经济，36（5）：67－75.

张凌云，齐晔，2010. 地方环境监管困境解释——政治激励与财政约束假说［J］. 中国行政管理（3）：93－97.

张淑惠，史玄玄，文雷，2011. 环境信息披露能提升企业价值吗？——来自中国沪市的经验证据［J］. 经济社会体制比较（6）：166－173.

张薇，伍中信，王蜜，2014. 产权保护导向的碳排放权会计确认与计量研究［J］. 会计研究（3）：88－94.

张学刚，钟茂初，2011. 政府环境监管与企业污染的博弈分析及对策研究［J］. 中国人口、资源与环境，126（2）：31－35.

张艳磊，秦芳，吴昱，2015. "可持续发展"还是"以污染换增长"——基于中国工业企业销售增长模式的分析［J］. 中国工业经济（2）：89－101.

张宇，蒋殿春，2014. FDI、政府监管与中国水污染——基于产业结构与技术进步分解指标的实证检验［J］. 经济学（季刊），13（2）：491－514.

赵晶，郭海，2014. 公司实际控制权、社会资本控制链与制度环境［J］. 管理世界（9）：160－171.

赵晓兵，1999. 污染外部性的内部化问题［J］. 南开经济研究（4）：13－17.

郑若娟，2013. 中国重污染行业环境信息披露水平及其影响因素［J］. 经济管理（7）：35－46.

周黎安，2007. 中国地方政府官员晋升锦标赛模式研究［J］. 经济研究（7）：36－50.

周守华，陶春华，2012. 环境会计：理论综述与启示［J］. 会计研究（2）：5－12，98.

周守华，谢知非，徐华新，2018. 生态文明建设背景下的会计问题研究［J］. 会计研究（10）：4－11.

周守华，刘国强，2016. “计天下利”与会计发展——《会计研究》新年献辞［J］. 会计研究（1）：3－4.

周志方，肖序，2010. 国外环境财务会计发展评述［J］. 会计研究（1）：79－86.

朱吉，2008. 环境会计信息披露与权益资本成本的相关性研究［D］. 湖南大学.

邹叶，2009. 控股股东超强控制与财务重述实证研究——来自中国上市公司的经验数据［D］. 华中科技大学.

ABDUL Z，IBRAHIM S，2002. Executive and management attitudes towards corporate social responsibility in Malaysia［J］. Corporate governance：the international journal of business in society，2（4）：10－16.

AERTS W，CORMIER D，2009. Media legitimacy and corporate environmental communication［J］. Accounting organizations and society，34（1）：1－27.

AGGARWAL R K，ANDREW A，SAMWICK，2003. Why do managers diversify their firms? Agency reconsidered［J］. Journal of finance，58（1）：71－118.

ANSOFF H I，1965. Corporate strategy［M］. New York：McGraw－Hill.

ANTHONY R，1960. The trouble with profit maximization［J］. Harvard business review，11：126－134.

ARAGON－CORREA J A，1998. Strategic proactivity and firm approach to the natural environment［J］. Academy of management journal，41（5）：556－567.

AUPPERLE K E，CARROLL A B，Hatfield J D，1985. An empirical examination of the relationship between corporate social responsibility and profitability [J]. The academy of management journal, 28 (2): 446 -463.

BADEN D, HARWOOD I A, WOODWARD D, 2008. The effect of buyer pressure on suppliers to demonstrate CSR: an added incentive or counter - productive? [J]. European management journal, 27 (6): 429 -441.

BAKSI S, BOSE P, 2010. Environmental regulation in the presence of an informal sector [J]. American journal of cardiology, 105 (9): 152 -157.

BALL A, 2007. Environmental accounting as workplace activism [J]. Critical perspectives on accounting, 18 (7): 759 -778.

BALL A, CRAIG R, 2010. Using Neo - Institutionalism to advance social and environmental accounting [J]. Critical perspectives on accounting, 21 (4): 283 -293.

BANSAL P, 2005. Evolving sustainably: a longitudinal study of corporate sustainable development [J]. Strategic management journal, 26 (3): 197 -218.

BARNETT M L, SALOMON R M, 2006. Beyond dichotomy: the curvilinear relationship between social responsibility and financial performance [J]. Strategic management journal, 27 (11): 1101 -1122.

BARNETT M L, 2007. Stakeholder influence capacity and the variability of financial returns to corporate social responsibility [J]. The academy of management review, 32 (3): 794 -816.

BELKAOUI A, 1976. The impact of the disclosure of the environmental effects of organizational behavior on the market [J]. Financial management, 5 (4): 26 -31.

BERLE A, MEANS G, 1932. Private property and the modern corporation [M]. New York: Macmillan.

BERTRAND M, PARAS M, SENDHIL M, 2002. Ferreting out tunneling: an application to Indian business groups [J]. Quarterly journal of economics, 117 (1): 121 -148.

BEWLEY K, LI Y, 2000. Disclosure of environmental information by Canadian manufacturing companies: a voluntary disclosure perspective [J]. Advances in environmental accounting and management, (1): 201 -226.

BLACCONIERE W G, PATTEN D M, 1994. Environmental disclosures, regulatory costs, and changes in firm value [J]. Journal of accounting and economics, 18 (3): 357 -377.

BLAIR M, 1995. Ownership and control: rethinking corporate governance of the 21 Century [M]. Washington: the brooking institution.

BURKE L, LOGSDON J M, 1996. How corporate social responsibility pays off [J]. Long range planning, 29 (4): 495 -502.

BURRITT R L, SCHALTEGGER S, 2010. Sustainability accounting and reporting: fad or trend? [J]. Accounting, auditing & accountability journal, 23 (7): 829 -846.

BUYSSE K, VERBEKE A, 2003. Proactive environmental strategies: a stakeholder management perspective [J]. Strategic management journal, 24 (5): 453 -470.

CARROLL A B, 1979. A three - dimensional conceptual model of corporate performance [J]. Academy of management review, 4 (4): 497 -505.

CHAGANTI R S, MAHAJAN V, SHARMA S, 1985. Corporate board size, composition and corporate failures in retailing industry [J]. Journal of management studies, 22 (4): 400 -417.

CHEN C W, HERR J, WEINTRAUB L, 2004. Decision support system for stakeholder involvement [J]. Journal of environmental engineering, 130 (6): 714 -721.

CHENG Z, WANG F, KEUNG C, BAI Y, 2017. Will corporate political connection influence the environmental information disclosure level? Based on the panel data of A - Shares from listed companies in shanghai stock market [J]. Journal of business ethics, 143 (1): 209 - 221.

CLAESSENS S, FAN J P H, DJANKOV S, LANG L H P, 1999. On expropriation of minority shareholders: evidence from East Asia [J]. Social science electronic publishing.

CLARKSON P M, FANG XH, LI Y, RICHARDSON G, 2013. The relevance of environmental disclosures: are such disclosures incrementally informative? [J]. Journal of accounting and public policy, 32 (5): 410 - 431.

CLARKSON P M, LI Y, RICHARDSON G D, 2004. The market valuation of environmental capital expenditures by pulp and paper companies [J]. The accounting review, 79 (2): 329 - 353.

COASE R H, 1937. The nature of the firm [J]. Economics, 4 (16): 386 - 405.

COASE R H, 1960. The problem of social cost [J]. Journal of law and economics, 3 (1): 1 - 44.

CRAFTS N, 2006. Regulation and productivity performance [J]. Oxford review of economic policy, 22 (2): 186 - 202.

DAVIS L W, MUEHLEGGER E, 2010. Do Americans consume too little natural gas? An empirical test of marginal cost pricing [J]. The rand journal of economics, 41 (4): 791 - 810.

DELGADO - CEBALLOS J, ARAGÓN - CORREA J A, RUEDA - MANZANARES O D M, 2012. The effect of internal barriers on the connection between stakeholder integration and proactive environmental strategies [J]. Journal of business ethics, 107 (3): 281 - 293.

DEMSETZ H, 1983. The structure of ownership and the theory of the firm [J]. Journal of law & Economics, 26 (2): 375 -390.

DENIS M, JACK M L, 2007. Perspectives on human spatial cognition: memory, navigation, and environmental learning [J]. Psychological research, 71 (3): 235 -239.

DHALIWAL D S, LI O Z, TSANG A, YANG Y G, 2011. Voluntary nonfinancial disclosure and the cost of equity capital: the initiation of corporate social responsibility reporting [J]. The accounting review, 86 (1): 59 -100.

DHALIWAL D S, RADHAKRISHNAN S, TSANG A, YANG Y G, 2012. Nonfinancial disclosure and analyst forecast accuracy: international evidence on corporate social responsibility disclosure [J]. The accounting review, 87 (3): 723 -759.

DILLARD J F, RIGSBY J T, GOODMAN C, 2004. The making and remaking of organization context: duality and the institutionalization process [J]. Accounting, Auditing & Accountability journal, 17 (4): 506 -542.

DIMAGGIO P J, POWELL W W, 1983. The iron cage revisited: institutional isomorphism and collective rationality in organizational fields [J]. American sociological review, 48 (2): 147 -160.

DONALDSON T, DUNFEE T W, 1994. Toward a unified conception of business ethics: integrative social contracts theory [J]. Academy of management review, 19 (2): 252 -284.

DONALDSON T, PRESTON L E, 1995. The stakeholder theory of the corporation: concepts, evidence, and implications [J]. Academy of management review, 20 (1): 65 -91.

DUMMETT K, 2006. Drivers for corporate environmental responsibility (CER) [J]. Environment development and sustainability, 8 (3): 375 -389.

ETZIONI A, 1988. The moral dimension [M]. New York: free press.

FAMA E F, 1980. Agency problems and the theory of firm [J]. Journal of political economy, 88 (2): 288 - 307.

FAMA E F, JENSEN M C, 1983. Separation of ownership and control [J]. Journal of Law & Economics, 26 (2): 301 - 325.

FAMA E F, MILLER M H, 1972. The theory of finance [M]. New York: Rinehart and Winston.

FOGLER H R, NUTT F, 1975. A note on social responsibility and stock valuation [J]. The academy of management journal, 18 (1): 155 - 160.

FOMBRUN C J, GARDBERG N, 2000. Who's tops in corporate reputation? [J]. Corporate reputation review, 3 (1): 13 - 17.

FOMBRUN C J, SHANLEY M, 1990. What's in a name? Reputation building and corporate strategy [J]. The academy of management journal, 33 (2): 233 - 258.

FREEDMAN M, JAGGI B, 1982. Pollution disclosures, pollution performance and economic performance [J]. Omega, 10 (2): 167 - 176.

FREEDMAN M, JAGGI B, 2010. Sustainability, environmental performance and disclosures [M]. Emerald group publishing.

FREEMAN E, 1984. Strategic management: a stakeholder approach. Boston: pitman press.

FREEMAN R E, EVAN W M, 1990. Corporate governance: A stakeholder interpretation [J]. Journal of behavioral economics, 19 (4): 337 - 359.

FRIEDMAN M, 1970. The social responsibility of business is to increase its profit [J]. The new work times magazine, 13: 173 - 178.

GIVEL M, 2007. Motivation of chemical industry social responsibility through responsible care [J]. Health policy, 81 (1): 85 - 92.

GODFREY P C, 2005. The relationship between corporate philanthropy and shareholder wealth: a risk management perspective [J]. The academy of management review, 30 (4): 777 -798.

GRAHAM J R, HARVEY C R, 2005. The long - run equity risk premium [J]. Finance research letters, 2 (4): 185 -194.

GRIFFIN J J, MAHON J F, 1997. The corporate social performance and corporate financial performance debate: Twenty - Five Years of RCH [J]. Business and society, 36 (1): 5 -31.

HAHN T, FIGGE F, 2011. Beyond the bounded instrumentality in current corporate sustainability research: toward an inclusive notion of profitability [J]. Journal of business ethics, 104 (3): 325 -345.

HARJOTO M A, JO H, 2015. Legal vs. Normative CSR: differential impact on analyst dispersion, stock return volatility, cost of capital, and firm value [J]. Journal of business ethics, 128 (1): 1 -20.

HART S L A, 1995. Natural - Resource - Based view of the firm [J]. The academy of management review, 20 (4): 986 -1014.

HASSEL L, NILSSON H, NYQUIST S, 2005. The value relevance of environmental performance [J]. European accounting review, 14 (1): 41 -61.

HEALY P M, PALEPU K G, 2001. Information asymmetry, corporate disclosure, and the capital markets: a review of the empirical disclosure literature [J]. Journal of accounting and economics, 31 (1 -3): 405 -440.

HENRIETTE S, GURO D H, 2012. The effect of voluntary environmental disclosure on firm value: a study of Nordic listed firms [D]. Norwegian school of economics: 1 -75.

HILLMAN A J, DALZIEL T, 2003. Boards of directors and firm performance: integrating agency and resource dependence perspectives [J]. Academy of management review, 28 (3): 383 -396.

HOLDERNESS C G, 2003. A survey of block holders and corporate control [J]. Social science electronic publishing, 9 (1): 51 -64.

HOLMSTROM B, COSTA J R I, 1986. Managerial incentives and capital management [J]. Quarterly journal of economics, 101 (4): 835 -860.

HUANG X, WATSON L, 2015. Corporate social responsibility research in accounting [J]. Journal of accounting literature, 34: 1 -16.

HUSTED B W, DE JESUS SALAZAR J, 2006. Taking Friedman seriously: maximizing profits and social performance [J]. Journal of management studies, 43 (1): 75 -91.

JENSEN M C, 1986. Agency costs of free cash flow, corporate finance and takeover [J]. American economic review, 76 (2): 323 -329.

JENSEN M C, 2001. Value maximization, stakeholder theory and the corporate objective function [J]. Journal of applied corporate finance, 14 (3): 8 -21.

JENSEN M C, MECKLING W H, 1979. Rights and production functions: an application to labor - managed firms and codetermination [J]. Journal of business, 52 (4): 469 -506.

JENSEN M C, MECKLING W H, 1976. Theory of the firm: managerial behavior, agency costs and ownership structure [J]. Journal of financial economics, 3 (4): 305 -360.

JOHNSON S, PORTA R L, SILANES F L D, SHLEIFER A, 2000. Tunneling [J]. American economic review, 90 (2): 22 -27.

JONES T M, 1995. Instrumental Stakeholder Theory: A synthesis of ethics and economics [J]. The academy of management review, 20 (2): 404 -437.

KAHN M E, ZHENG S, 2016. Blue skies over Beijing: economic growth and the environment in China [M]. Princeton university press.

KROPOTKIN P, 1968. Mutual aid [M]. New York: Blom.

KUMAR S, SHETTY S, 2018. Does environmental performance improve market valuation of the firm: evidence from Indian market [J]. Environmental economics and policy studies, 20 (2): 241 - 260.

LARNER R J, 1966. Ownership and control in the 200 largest nonfinancial corporations, 1929 and 1963 [J]. American economic review, 56 (4): 777 - 787.

LA PORTA R, LOPEZ - DE - SILANES F, SHLEIFER A, 1999. Corporate ownership around the world [J]. The journal of finance, 54 (2): 471 - 517.

LIAO L, LUO L, TANG Q, 2014. Gender diversity, board independence, environmental committee and greenhouse gas disclosure [J]. The British accounting review, 47 (4): 409 - 424.

LICHTENSTEIN D R, BRAIG D B M, 2004. The effect of corporate social responsibility on customer donations to corporate - supported nonprofits [J]. Journal of marketing, 68 (4): 16 - 32.

LO S - F, SHEU H - J, 2007. Is corporate sustainability a value - increasing strategy for business? [J]. Corporate governance: an international review, 15 (2): 345 - 358.

LOHMANN L, 2009. Toward a different debate in environmental accounting: the cases of carbon and cost - benefit [J]. Accounting, organizations and society, 34 (3): 499 - 534.

LOUNSBURY M, 2008. Institutional rationality and practice variation: new directions in the institutional analysis of practice [J]. Accounting, organizations and society, 33 (4): 349 - 361.

LUO X, BHATTACHARYA C B, 2006. Corporate social responsibility, customer satisfaction, and market value [J]. Journal of marketing, 70 (4): 1 - 18.

MARGOLIS J D, WALSH J P, 2001. People and profits?: the search for a link between a company's social and financial performance [J]. Mid - American journal of business, (1): 83 - 84.

MARSHALL A, 1890. Principles of political economy [M]. New York: Macmillan.

MARSHALL S, BROWN D, PLUMLEE M, 2009. The impact of voluntary environmental disclosure quality on firm value [J]. Academy of management proceedings, (1): 1 - 6.

MILGROM P, ROBERTS J, 1992. Economics, organization and management [M]. New York: prentice - hall.

MITCHELL R K, B R AGLE, D J WOOD, 1997. Toward a theory of stakeholder identification and salience: defining the principle of who and what really counts [J]. Academy of management review, 22 (4): 853 - 886.

MOBUS L, JANET, 2005. Mandatory environmental disclosures in a legitimacy theory context [J]. Accounting, auditing and accountability journal, 18 (4): 492 - 517.

MONTGOMERY W D, 1972. Markets in licenses and efficient pollution control programs [J]. Journal of economic theory, 5 (3): 395 - 418.

MOORE D R J, 2011. Structuration theory: the contribution of Norman Macintosh and its application to emissions trading [J]. Critical perspectives on accounting, 22 (2): 212 - 227.

MOSER D V, MARTIN P R, 2012. A broader perspective on corporate social responsibility research in accounting [J]. The accounting review, 87

(3): 797 -806.

MULLER A, KRAUSSL R, 2011. Doing good deeds in times of need: a strategic perspective on corporate disaster donations [J]. Strategic management journal, 32 (9): 911 -929.

MUTTAKIN M B, MIHRET D G, KHAN A, 2018. Corporate political connection and corporate social responsibility disclosures: a neo - pluralist hypothesis and empirical evidence [J]. Accounting, auditing and accountability journal, 31 (2): 725 -744.

NAVARRO P, 1988. Why do corporations give to charity? [J]. The journal of business, 61 (1): 65 -93.

OBERNDORFER U, 2009. EU emission allowances and the stock market: evidence from the electricity industry [J]. Ecological economics, 68 (4): 1116 -1126.

PALMER K, OATES W E, PORTNEY P R, 1995. Tightening environmental standards: the benefit - cost or the no - cost paradigm? [J]. Journal of economic perspectives, 9 (4): 119 -132.

PATTEN D M, J R NANCE, 1998. Regulatory cost effects in a good news environment: the intra - industry reaction to The Alaskan Oil Spill [J]. Journal of accounting and public policy, 17 (4 -5): 409 -429.

PETERS G, ROMI A, 2009. Carbon disclosure incentives in a global setting: an empirical investigation [R]. University of Arkansas, Fayetteville, AR, working paper.

PFEFFER J, SALANCIK G R, 1979. The external control of organizations: a resource dependence perspective [J]. The economic journal, 23 (2): 123 -133.

PLUMLEE M, BROWN D, HAYES R M, MARSHALL S, 2015. Voluntary environmental disclosure quality and firm value: further evidence [J]. Journal of accounting and public policy, 34 (4) .336 – 361.

PIGOU A C, 1920. The economics of welfare [M]. London: Macmillan.

PLUMLEE M, YOHN T L, 2010. An analysis of the underlying causes attributed to restatements [J]. Accounting horizons, 24 (1): 41 – 64.

RICHARDSON A J, WELKER M, HUTCHINSON I R, 2010. Managing capital market reactions to corporate social responsibility [J]. International journal of management reviews, 1 (1): 17 – 43.

ROCKNESS J W, 1985. An assessment of the relationship between us corporate environmental performance and disclosure [J]. Journal of Business finance & Accounting, 12 (3): 339 – 354.

RUSSO M V, FOUTS P A, 1997. A resource – based perspective on corporate environmental performance and profitability [J]. The academy of management journal, 40 (3): 534 – 559.

SEN A, 1990. On ethics and economics [M]. Oxford: Blackwell.

SHANE P B, SPICER B H, 1983. Market response to environmental information produced outside the firm [J]. Accounting review, 58 (3): 521 – 538.

SHLEIFER A, VISHNY R W, 1986. Large shareholders and corporate control [J]. Scholarly articles, 94 (3): 461 – 488.

SHLEIFER A, VISHNY R W, 1989. Management entrenchment: the case of manager – specific investments [J]. Journal of financial economics, 25 (1): 123 – 139.

SHRIVASTAVA P, 1994. Castrated environment: greening organizational studies [J]. Organization studies, 15 (5): 705 – 726.

STANNY E, ELY K, 2008. Corporate environmental disclosures about the effects of climate change [J]. Corporate social responsibility and environmental management, 15 (6): 338 -348.

STULZ, RENÉM, 1994. Tobin's q, corporate diversification, and firm performance [J]. Journal of political economy, 102 (6): 1248 -1280.

SUBROTO, HADI, 2003. The impact of social responsibility on business performance link [J]. Strategic management journal, 18: 303 -319.

THOMAS T, SCHERMERHORN J R, DIENHART J W, 2004. Strategic leadership of ethical behavior in business [J]. Academy of management executive, 18 (2): 56 -68.

TIETENBERG T H, 1990. Economic instruments for environmental regulation [J]. Oxford review of economic policy, 6 (1): 17 -33.

TURBAN D B, GREENING D W, 1997. Corporate social performance and organizational attractiveness to prospective employees [J]. The academy of management journal, 40 (3): 658 -672.

VEITH S, WERNER J R, ZIMMERMANN J, 2009. Capital market response to emission rights returns: evidence from The European Power Sector [J]. Energy economics, 31 (4): 605 -613.

VILLIERS D C, LOW M, SAMKIN G, 2014. The institutionalization of mining company sustainability disclosures [J]. Journal of cleaner production, 84: 51 -58.

VILLIERS D C, NAIKER V, VAN STADEN C J, 2011. The effect of board characteristics on firm environmental performance [J]. Journal of management, 37 (6): 1636 -1663.

WALLEY N, WHITEHEAD B, 1994. It's not easy being green [J]. Harvard business review, 72 (3): 46 -51.

WANG H, CHOI J, LI J, 2008. Too little or too much? Untangling the relationship between corporate philanthropy and firm financial performance

[J]. Organization science, 19 (1): 143 - 159.

WANG H, JIN Y, 2007. Industrial ownership and environmental performance: evidence from China [J]. Environmental and resource economics, 36 (3): 255 - 273.

WINDSOR D, 2006. Corporate social responsibility: three key approaches [J]. Journal of management studies, 43 (1): 93 - 114.

YANG H H, CRAIG R, FARLEY A, 2015. A review of Chinese and English language studies on corporate environmental reporting in China [J]. Critical perspectives on accounting, 28: 30 - 48.

ZALD M N, MORRILL C, RAO H, 2005. The impact of social movements on organizations [J]. Social movements and organization theory: 253 - 279.

ZHENG S, KAHN M E, 2017. A new era of pollution progress in Urban China? [J]. Journal of economic perspectives, 31 (1): 71 - 92.